Rudi Heppe

Unimog & MBtrac
Die Chronik

Rudi Heppe am Steuer seines Unimog 401

Vorwort

Unimog – Faszination, Legende oder Kult? Es ist mehr, was den Alleskönner auszeichnet. In einer unglaublichen Vielzahl an Typen und Baumustern hat das Universalgenie eine eindrucksvolle Entwicklung demonstriert. Ebenso vielfältig wie interessant sind die Aufgabenfelder. Für jeden Einsatzzweck gibt es passende Geräte und Aufbauten. Ob Kehrmaschine, Schneeräumer, Bagger oder Rangierlok – die Palette scheint unerschöpflich.

Eine solide Grundkonstruktion sorgt für ein langes Arbeitsleben, mehr als dreißig Jahre harter Einsatz sind keine Seltenheit. Dabei entwickelt der mobile Alleskönner einen Charme, dem nicht nur Enthusiasten erliegen. Viele Unimog verbringen ihren (Un)Ruhestand bei Liebhabern. In mühevoller Kleinarbeit werden die Spuren des Alltags beseitigt. Aber einen Unimog-Oldie als Hochglanz-Ausstellungsstück gibt es selten – macht es doch einen ungeheuren Spaß zu zeigen, was in ihm steckt.

Anders die Geschichte des MB-trac, der 1972 erstmals ins Rampenlicht rückt. Mit drei Aufbauräumen und einer Kabine sind es gleich drei Fabrikate, die der Landtechnik eine Revolution bescheren wollen. Dem Kramer 1014 ist nur eine kurze Verweildauer geblieben, und selbst der große Name verhilft dem Intrac nicht zum Durchbruch am Markt. Der MB-trac dagegen hat Erfolg. Basierend auf dem Unimog ist das Konzept einzigartig: Das Produkt aus Gaggenau beschert der Landmaschinenindustrie reichlich Innovationen. Die MB-trac-Palette wird immer breiter und leistungsfähiger. Für spezielle Einsatzzwecke gibt es, wie beim Unimog, eine Vielzahl von Geräten. Ein Ganzjahreseinsatz auch außerhalb der Landwirtschaft wird möglich. Immer mehr Lohnunternehmen und Maschinenringe entdecken das Konzept MB-trac.

Mit einer internen Umstrukturierung des Stuttgarter Konzerns verliert der MB-trac seinen Platz. Ackerschlepper können mit den Produktionszahlen von Pkw oder Nutzfahrzeugen nicht konkurrieren. Der Verkauf der Traktorensparte an Deutz läutet das Ende des MB-trac ein. Ungewöhnlich wie der Schlepper ist auch sein Ende. Mit Bekanntgabe der Produktionseinstellung schnellen die Verkaufszahlen in die Höhe. Ein Jahrzehnt später ist der MB-trac ein Phänomen auf dem Gebrauchtschleppermarkt. Mit der abnehmenden Zahl der Schlepper steigt der Gebrauchtpreis. Bis zu 10 000 DM mehr als in dieser PS-Klasse üblich, sind keine Seltenheit.

Für den Einsatz im Forst gibt es den MB-trac wieder „neu". Die Firma Werner in Trier ist als Lieferant für die Forstausrüstung von Unimog und MB-trac bekannt. Seit 1993 liefert das Unternehmen einen modifizierten MB-trac unter der Bezeichnung „WF-trac". Das Nischenprodukt entwickelt sich zum begehrten Forstschlepper.

Die Geschichte des MB-trac geht weiter. Bereits seit 1995 wird in Schönebeck an der Elbe versucht, den Schlepper mit vier gleich großen Rädern am Markt zu platzieren. Aber die wechselvolle Geschichte zur Privatisierung des Werkes verhindert die Neuauflage. Erst mit der Übernahme durch Doppstadt 1999 erfolgt eine gründliche Überarbeitung. Das Doppstadt-trac Programm besticht durch ein neues Design, leistungsfähige Hydraulik, ein neues Lastschalt-Getriebe und Allradlenkung. Die Präsentation auf der Agritechnica 2001 gibt Hoffnung auf eine neue Ära des MB-trac.

Inhalt

Vom Ochsenkopf zum Mercedes-Stern
Baumuster 70200-2010-401/402-411 **7**

Westfalla-Fahrerhäuser
Baumuster 401-402-404-411
1950-1979 **43**

Unimog „S"
Baumuster 404
1955-1980 **59**

Unimog „SH"
Baumuster 405
1958-1962 **72**

Unimog in neuer Leistungsklasse
Baumuster 406-403-421-416-413
1963-1988 **73**

Schwere Baureihe
Baumuster 424-425-435-427-437
seit 1974 **91**

Die „neue" Mittelklasse
Baumuster 407-417
1988-1993 **107**

Leichte und mittlere Baureihe
Baumuster 408-418
seit 1992 **110**

Geräteträger für Kommunen
Baumuster 409
1996-1998 **113**

UGN 300-500
Baumuster 405
seit 2000 **114**

MB trac
Baumuster 440-441-442-443
1972-1991 **119**

WF trac
Fertigung in Trier-Ehrang
seit 1993 **136**

LTS trac – Doppstadt trac
1995-1996 und seit 1999 **138**

Dammann trac
DT 2100
seit 1984 **142**

Unimog Triebkopf mit Ruthmann-Hubwagen und 411 als Ladung

Unimog 411 in der Erprobung auf dem „Sauberg"

Vom Ochsenkopf zum Mercedes-Stern

Baumuster 70200-2010-401/402-411

Die Geschichte des Unimog beginnt 1945, als Deutschland in Trümmern liegt. Die Zukunft der Industrie ist völlig ungewiss, laut Morgenthau-Plan soll aus dem, was von Deutschland übrig geblieben ist, ein Agrarland werden.

Von der Idee zum Prototyp

Das ist die Stunde von Albert Friedrich, dem früheren Leiter der Flugmotoren-Entwicklung von Daimler-Benz. Er ist durch die Besetzung Deutschlands arbeitslos geworden. Der fähige Konstrukteur sieht nur dann eine Chance für die deutsche Industrie, wenn sie der Landwirtschaft dienen kann.

Seine Idee ist, ein Gerät zu konstruieren, das herkömmlichen Schleppern in allen Punkten überlegen ist und zur konsequenten Rationalisierung der bäuerlichen Arbeit beiträgt – in der ersten Nachkriegszeit eine wahrhaft vermessene Idee.

Albert Friedrich kann zwar auf frühere Erkenntnisse aus einer Lkw-Entwicklung in der Schweiz zurückgreifen, praktische Erfahrungen im landwirtschaftlichen Bereich hat er jedoch nicht vorzuweisen.

Ende Mai 1945 wird Albert Friedrich bei Daimler-Benz in Stuttgart vorstellig, um eine neue Aufgabe zu bekommen. Politisch nicht aktiv gewesene Arbeitnehmer erhalten eine Arbeitserlaubnis. Seine neue Aufgabe: Unterlagen aus dem Flugmotorenbau zusammentragen und auswerten. Hierbei trifft er auf den Vorstandsvorsitzenden Wilhelm Haspel und kann ihn für sein Konzept zum Bau einer landwirtschaftlichen Universalmaschine begeistern. Mit Haspels Einverständnis können sich Albert Friedrich und Kollegen mit den Erfordernissen zur Entwicklung eines Ackerschleppers vertraut machen. Artikel aus landtechnischen Zeitschriften werden gesammelt, die sich mit Kritik und Verbesserung der Traktoren befassen. Gespräche mit erfahrenen Landwirten erfolgen ebenso wie Diskussionen mit Prof. Dr. Fischer-Schlemm von der Landwirtschaftlichen Hochschule Hohenheim.

Das vorläufige Aus kommt Ende Oktober 1945: Das Gesetz Nr. 8 der Alliierten verbietet die Beschäftigung von Personen, die als Parteimitglied oder mit einer Tätigkeit am Kriegseinsatz beteiligt waren. Betroffen ist Wilhelm Haspel ebenso wie Albert Friedrich.

Unbeirrt hält Friedrich an seinem Vorhaben fest und führt es auf eigene Faust weiter. Zunächst kontaktiert er die amerikanische Besatzungsmacht in Stuttgart. Die Abteilung mit dem Namen „Food and agriculture group" leitet Dr. Conrad in der „Bi-Zone", die für Fragen des Ernährungssektors zuständig ist. Hier stellt Albert Friedrich am 9. Oktober 1945 den Antrag auf Genehmigung zum Bau seines Universal-Gerätes. Die Hürde – bei dem geplanten Allradfahrzeug handelt es sich um eine neue militärische Konstruktion – kann er eindrucksvoll nehmen.

Am 20. November 1945 hält Friedrich dann eine „Production Order" der US-Militärregierung in der Hand. Grundlage ist die im Oktober eingereichte Projektzeichnung mit Erläuterung: Das Fahrzeug soll mit Pkw-Aggregaten gebaut werden und bei einer geplanten monatlichen Produktion von 100 Stück etwa RM 3 750,- kosten. Wo kann Albert Friedrich mit dem Bau von zehn Versuchsfahrzeugen beginnen? Die neue Führung bei Daimler-Benz lehnt ab. Sind es die schlechten Erfahrungen aus dem Schlepperbau in den zwanziger Jahren, oder sorgt die florierende Pkw-Produktion für das Desinteresse?

Albert Friedrich sucht weiter und findet dank guter Kontakte ein geeignetes Unternehmen. Die Gold- und Silberwarenfabrik Erhard und Söhne in Schwäbisch Gmünd stellt ihm einen Raum zur Verfügung. Wenige Tage später, am 28. November 1945, beginnen Albert Friedrich

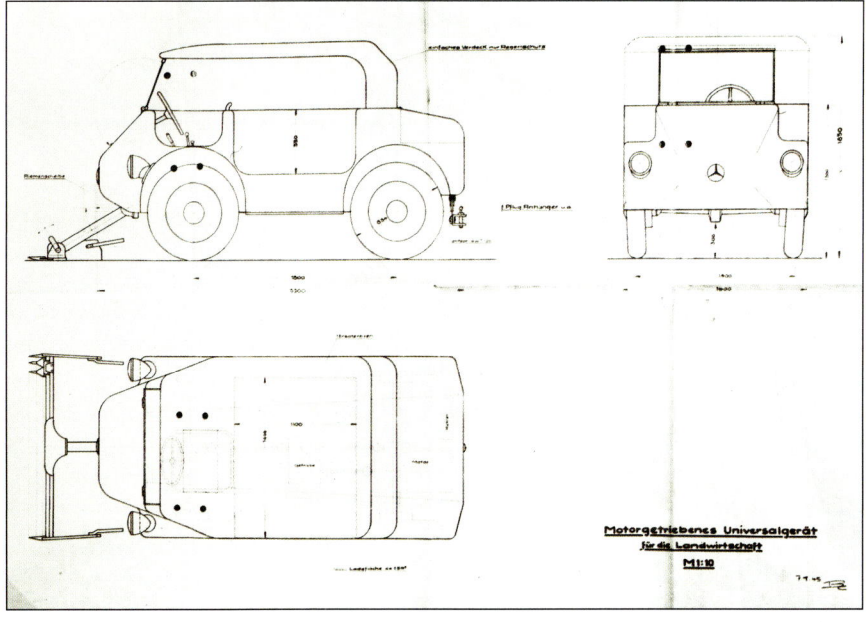

Erste Zeichnung von Albert Friedrich

und zwei frühere Kollegen aus der Flugmotorenentwicklung, Hans Zabel und Reinhold Freyle, mit der Arbeit. Der offizielle Beginn der Abteilung „L" (Landwirtschaft) bei Erhard & Söhne ist der 1. Dezember 1945. Eine bescheidene Ausstattung reicht zunächst: Tische, Stühle, zwei Reißbretter und eine einzige Zeichnung aus dem Antrag für die Entwicklungserlaubnis.

Noch im Laufe des Monats wird das Team durch einen Bekannten von Albert Friedrich aus der ehemaligen Flugmotorenprüfung verstärkt: Christian Dietrich. Als landwirtschaftlicher Berater fungiert Diplom-Landwirt Erich Grass zum Jahresende 1945 im Entwicklungsteam.

Zusätzlich bemüht sich Friedrich um Heinrich Rößler. Dieser ist seit 1937 Konstrukteur im Pkw-Bau bei Daimler-Benz und im Krieg zur Flugmotor- und Panzerkonstruktion abgestellt. Seit Juni 1945 arbeitet Rößler als „landwirtschaftlicher Hilfsarbeiter" ohne jegliche Vorkenntnisse auf einem schwäbischen Bauernhof. Während dieser Zeit hat sich der Konstrukteur Rößler bei seinem täglichen Umgang mit Schleppern und Landmaschinen natürlich viele Gedanken zu deren Verbesserung gemacht.

In langen Diskussionen zwischen Friedrich und Rößler sind im Dezember 1945 die Vorstellungen über die Entwicklung eines neuartigen Schleppers noch sehr vage. Trotzdem lässt sie diese Idee nicht mehr los. Heinrich Rößler erbittet sich zunächst Bedenkzeit und kehrt auf seinen Hof zurück.

Ab Januar 1946 zählt – auf Wunsch von Friedrich – auch Heinrich Rößler zum Entwicklungsteam des neuartigen Traktors. Seine Pläne, die während der Weihnachtszeit 1945 entstanden, werden ausgiebig diskutiert. Albert Friedrichs Entwürfe mit Heck- oder Mittelmotor werden verworfen.

Am 28. Januar 1946 präsentiert Heinrich Rößler einen neuen Gesamtentwurf, bestehend aus einem in der Fahrzeug-Längsachse liegenden Motor- und Getriebeblock mit schrägen Schubrohren zu den Achsen. Doch es gibt Probleme bei der Realisierung des Achsantriebs. Dies zwingt Rößler zur Änderung der Konstruktion.

Im März 1946 ist der zweite Gesamtentwurf fertig und wird akzeptiert. Die jetzt senkrecht zu den Achsen stehenden Schubrohre und der rechts neben der Fahrzeugachse liegende Motor- und Getriebeblock haben den Vorteil, dass die vier Laufradvorgelege mit den Bremsen ebenso identisch sind wie die Achskörper für Vorder- und Hinterachse. Der Entwurf des Fahrgestells verfügt über nur vier Antriebsgelenke: zwei Doppelgelenke in den Vorderachsschenkeln und zwei Einfachgelenke in den Schubkugeln. Anhand des Entwurfes zeigt sich bereits die „Neuartigkeit" der Konstruktion:

- Höchstgeschwindigkeit 50 km/h
- Gefederte und gedämpfte Achsen
- Allradantrieb und Differentialsperren vorn und hinten
- Bremsen an Vorder- und Hinterachse
- Rahmenbauart ähnlich wie bei Pkw und Lkw
- Zweisitziges Fahrerhaus mit geschlossenem Verdeck und gepolsterten Sitzen
- Hilfsladefläche über der Hinterachse mit einer Tonne Tragfähigkeit
- Gewichtsverteilung statisch, 2/3 auf der Vorderachse, 1/3 auf der Hinterachse
- 4 Anbauräume: vorn, mittig, seitlich und hinten, Zapfwellen vorn, mittig und hinten

So revolutionär dieser Entwurf eines Allzweck-Traktors auch scheint, niemand kann zu dieser Zeit garantieren, dass er auch wirklich die optimale Lösung ist. Es fehlen die praktischen Beweise.

Doch muss zuvor ein geeignetes Triebwerk für die Neu-Konstruktion gefunden werden. War für die erste Konstruktion des Albert Friedrich noch ein Zwei-Zylinder Dieselmotor von der Firma Hatz in Ruhstorf/Rott vorgesehen, ist jetzt ein leistungsfähigeres Aggregat gefragt.

Verhandlungen mit Hanomag und Opel scheitern. Lediglich von Daimler-Benz kommt die Zusage zur Lieferung eines Vier-Zylinder-Motors mit 1,7-Liter-Hubraum. Einziger Nachteil: Der Vergasermotor „M 136" aus dem Pkw „170 V" wird mit Benzin betrieben. Das Team um Friedrich hat dank guter Kontakte Informationen, dass ein Dieselmotor mit identischen Abmessungen in der Planung ist. In Ermangelung eines geeigneten Motors nimmt man zunächst mit dem Benzinmotor von Daimler-Benz vorlieb.

Im Februar 1946 sind noch zwei wichtige Fragen offen: wo können die zehn Versuchsfahrzeuge gebaut werden und wer finanziert das Vorhaben? Bisher hatten die beteiligten Ingenieure aus privater Tasche das Projekt finanziert. Jeder weitere Schritt zur Realisierung des Vorhabens ist jedoch mit höheren Kosten behaftet.

Albert Friedrichs Suche nach geeigneten Geldgebern ist von Erfolg gekrönt. An der formlosen Gründung einer Entwicklungsgesellschaft beteiligen sich neben den Inhabern von Erhard & Söhne (Heinz Erhard und Eduard Köhler) das Göppinger Unternehmen Boehringer und der Faumdauer Schuhfabrikant Franz Cutta. In dessen Fabrik lagerte Daimler-Benz den Flugmotorenbau während des Krieges aus.

Die Planung der Entwicklungsgesellschaft sieht eine Fortsetzung des Versuchsbaus in Schwäbisch Gmünd vor. Die Verlegung der Serienfertigung erfolgt nach Göppingen zu Boehringer.

Es fehlt noch ein geeigneter Name für das neuartige Gerät. Prominente Werbefachleute werden bemüht und mehr als 400 Vorschläge liegen vor, als Hans Zabel, einer der Mitarbeiter im Entwicklungsteam, schließlich den rettenden Gedanken hat: er erfindet die Abkürzung Unimog für „Universal-Motor-Gerät". Abgeleitet hat er diese Wortschöpfung aus einer selbst angefertigten Zeichnung des neuen Gerätes, dem er die Bezeichnung „Universal-Motor-Gerät für die Landwirtschaft" gibt.

Im Sommer 1946 ist man bemüht, die Konstruktionszeichnungen zu komplettieren und die Fertigungsaufträge zu vergeben. Zum Bau der Versuchsfahrzeuge werden zwei Monteure eingestellt. Zwei Meister erweitern die Belegschaft: Herr Esenwein kommt im August 1946 und einen Monat später Herr Gnamm.

Trotz Materialknappheit, fehlender Maschinen und Zubehör entsteht nur sieben Monate nach den ersten Zeichnungen das erste Fahrgestell. Am 9. Oktober ist es fahrbereit. Als Triebwerk dient ein Provisorium: der 1,7-Liter-Vergasermotor von Daimler-Benz (Typ M 136). Der Vier-Zylinder-Benzinmotor wird erstmals mit dem Fahrwerk auf die Räder gestellt.

Es ist ein spannender Moment für die gesamte Mannschaft, als der Motor erstmals angelassen und die Kraft von einem Vier-Gang-Seriengetriebe der Zahnradfa-

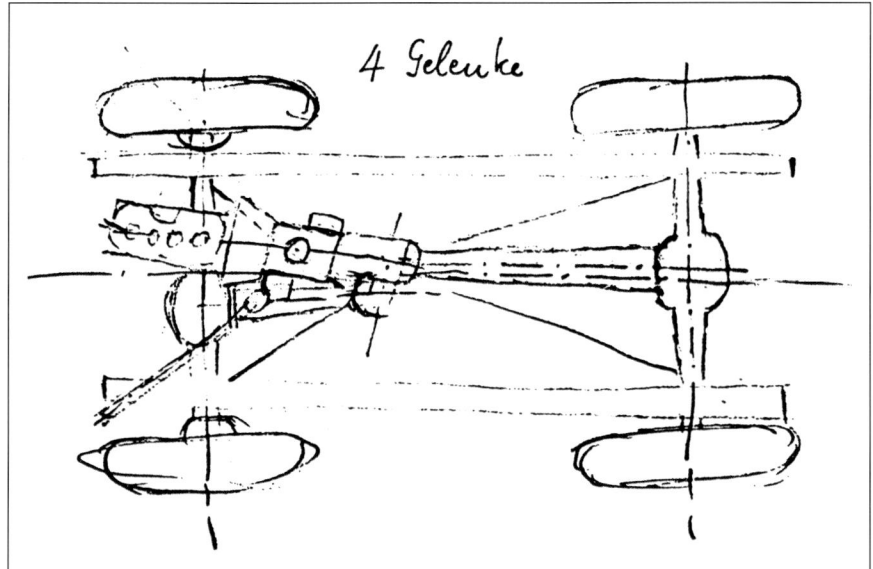

Erstes Konzept von Heinrich Rößler

brik Friedrichshafen auf die Räder übertragen wird. Noch sitzt der Fahrer provisorisch auf einer Holzkiste. Der erste Gang wird eingelegt und das Fahrgestell setzt sich erstmals mit eigener Kraft in Bewegung. Vorwärts- und Rückwärtsgänge werden in der Halle ausprobiert.

Die begeisterten Herren sind voller Übermut und wollen das Gerät außerhalb der Halle testen. Für die scharfe Kurve in der Ausfahrt muss die Lenkung stark eingeschlagen werden. Mit reichlich Elan versucht man diese Hürde zu nehmen – und landet in einem Abfallhaufen. Fazit des ersten „Tests": eine verbesserte, leichtgängige Lenkung muss her.

Bei den Fahrversuchen in den nächsten Tagen zeigt sich, dass gravierende Änderungen nicht notwendig sind. Einmütig fällt die Entscheidung zum Bau von zwei weiteren Fahrzeugen.

Der Prototyp komplett mit Fahrerhaus, Sitzen, Verdeck und „Hilfsladefläche" wird in einer kleinen Feierstunde am 20. November 1946 getauft. Albert Friedrichs Tochter übernimmt dieses Amt und tauft ihn auf den Namen „UNIMOG".

Die Entwicklungsmannschaft ist mit der Erprobung des Prototypen beschäftigt. Im pausenlosen Einsatz soll das Fahrzeug zeigen, was in ihm steckt. Um die Fahrversuche ausdehnen zu können, erteilen die Behörden sogar eine „Sonntags-Fahrgenehmigung", gilt doch zu Jahresbeginn 1947 das Fahrverbot an Sonntagen.

Dem württembergischen Landwirtschaftsminister Stoß und Angehörigen der amerikanischen Militärregierung wird der Unimog am 31. Januar 1947 vorgestellt. Christian Dietrich will zu einer Steilfahrt ansetzen, als der Minister erklärt, dass er es sich nicht vorstellen kann, „dass der Unimog da hinauf komme" – wenn doch, werde er respektvoll seinen Hut ziehen. Der Minister soll nach der Steilfahrt mindestens zweimal seinen Hut gezogen haben.

Albert Friedrich unternimmt in dieser Zeit weitere Verhandlungen zur Vorbereitung der Serienfertigung mit und bei BMW in München, Heinkel in Stuttgart und Fahr in Gottmardingen. Über das Stadium der Informationsgespräche kommen die Verhandlungen jedoch nicht hinaus.

Eine Vorführung in den ersten Wochen des Jahres 1947 bei Kommerzienrat Boehringer hinterlässt einen nachhaltigen Eindruck. Im März 1947 entschließt sich das gleichnamige Unternehmen endgültig und verbindlich zur Übernahme der geplanten Unimog-Produktion.

Eine Preiskalkulation wird im Februar 1947 durchgeführt. Angenommen wird ein Preis nach den Verhältnissen von 1939 bei einer monatlichen Fertigung von 100 Stück. Mit dem Ergebnis von rund 4 500 Reichsmark liegt der Verkaufspreis zu dieser Zeit im Rahmen des üblichen Schleppermarktes. Sowohl der Verkaufspreis als auch die monatliche Stückzahl lassen sich nicht halten – wie sich später zeigt.

Die erste Jahreshälfte ist für die Mannschaft um Christian Dietrich geprägt von Fahrversuchen und Leistungsmessungen. Das Ziel Dietrichs ist es, dass jeder Mitarbeiter das Fahrzeug perfekt beherrschen kann. Gleichzeitig sollen die Grenzen der Leistungsfähigkeit des Unimog erkundet werden. Antworten auf offene Fragen müssen gefunden werden, die da lauten: Welche Geräte und Lasten können gezogen werden? Wie wirken sich Anhängelasten bei Steigungen aus? Welche Geschwindigkeiten können unter Last noch erreicht werden?

Parallel dazu werden aber schon erste Vorführungen für die Fachwelt absolviert. Vor den Vertretern des Kuratoriums für Technik in der Landwirtschaft (KTL) und den Vertretern der späteren landwirtschaftlichen Bundesbehörden absolviert der Unimog am 11. April 1947 die berühmte Schlammfahrt in einem Waldgelände am Rande von Ludwigsburg.

Vier Tage später eine weitere Vorführung auf dem Bergenheimer Hof (Stuttgart): zahlreichen Vertretern von Landwirtschaftsämtern und Landwirten soll hier die Leistungsfähigkeit des Unimog vorgestellt werden. Mehr als zweihundert Personen sind beeindruckt von der Leistung beim Pflügen mit einem angehängten Ventzky-Zwei-Schar-Pflug.

Das Resümee der Versuche und Vorführungen zwingt zu einer Änderung der Achsen. Eine neue Formgebung ist notwendig, da bei dem Überfahren eines unebenen Bahnübergangs das Hinterachsgehäuse aufgerissen ist. Bemerkenswert ist, dass dieser Vorfall der einzige nennenswerte Defekt während der gesamten Zeit ist. Diese geringe Zahl der Störungen geben der Unimog-Entwicklung berechtigten Optimismus.

Das nächste Problem sind passende Anbaugeräte für den Unimog. Ein großer Teil der leistungsfähigen Geräteherstellerzweifelt. Werden ihre Geräte an einer Maschine mit Allrad-Federung richtig arbeiten? Erschwerend kommt hinzu, dass nur mit Geräten, die in der Ackerschiene eingehängt und gezogen werden, die landwirtschaftlichen Vorzüge des Unimog nicht ausreichend demonstriert werden können. Für die Techniker gilt es zu beweisen, dass ein großvolumiger AS-Reifen unter Belastung fast die gleiche Einfederung hat.

Den ersten Schritt wagt die Entwicklungsmannschaft selbst. Im Juni 1947 wird ein eigens konstruierter Prototyp eines

Mähbalkens verwirklicht. Das besondere dieser Entwicklung ist die Führung vor dem Fahrzeug, da die vordere Zapfwelle den Antrieb ermöglicht. Der Vorteil liegt für jeden Landwirt auf der Hand. Erstmals kann direkt in das Mähgut eingefahren werden. Ein Anmähen von Hand ist nicht mehr erforderlich.

Mit der Zulassung des ersten Prototypen für den Straßenverkehr taucht für Beamte und Konstrukteure das Problem der Einordnung der neuen Maschine auf. Zu welcher Fahrzeuggattung soll der Unimog zählen? Ackerschlepper, Straßenzugmaschine, kleiner Lkw, selbstfahrende Arbeitsmaschine oder Geräteträger stehen zur Auswahl.

Für Ackerschlepper und Geräteträger gilt zu dieser Zeit eine Geschwindigkeitsbegrenzung von 20 km/h; Straßenzugmaschinen und Lkw dürfen bei der Fahrt auf öffenlichen Straßen keine Anbaugeräte mitführen und Arbeitsmaschinen sind für eine einzige Gerätearbeit bestimmt.

Eine Anerkennung als Ackerschlepper ist aber nicht nur für die Techniker dringend notwendig; sollen doch künftige Unimog-Besitzer gegenüber den Käufern anderer Traktoren nicht benachteiligt sein. Man findet schließlich einen vorläufigen Kompromiss. Bis zur endgültigen Lösung sollen noch weitere zehn Jahre vergehen.

Ein weiteres Problem kommt mit der Schaffung der „Gas-Öl-Verbilligung" für landwirtschaftliche Schlepper, über die verhandelt wird. Für die geplante Serienfertigung des Unimog bedeutet dies, dass dieser nur eine Chance mit einem Diesel-Aggregat in der Landwirtschaft hat.

Daimler-Benz hat bereits im März und Mai 1947 zwei der schnelllaufenden 1,7-Liter-Dieselmotoren geliefert. Ist der neue Motor mit der Bezeichnung OM 636 mit einer gedrosselten Drehzahl auf 2 250 U/min den starken Beanspruchungen im Unimog gewachsen?

Von der "Null-Serie" zur Serienfertigung

Die Vorbereitungen für die Serienfertigung bei der Firma Boehringer in Göppingen kennzeichnen den Herbst 1947. Bereits im Juli 1947 hat Hans Zabel seinen Arbeitsplatz nach Göppingen verlegt, um die Produktion der „Nullserie" vorzubereiten. Für

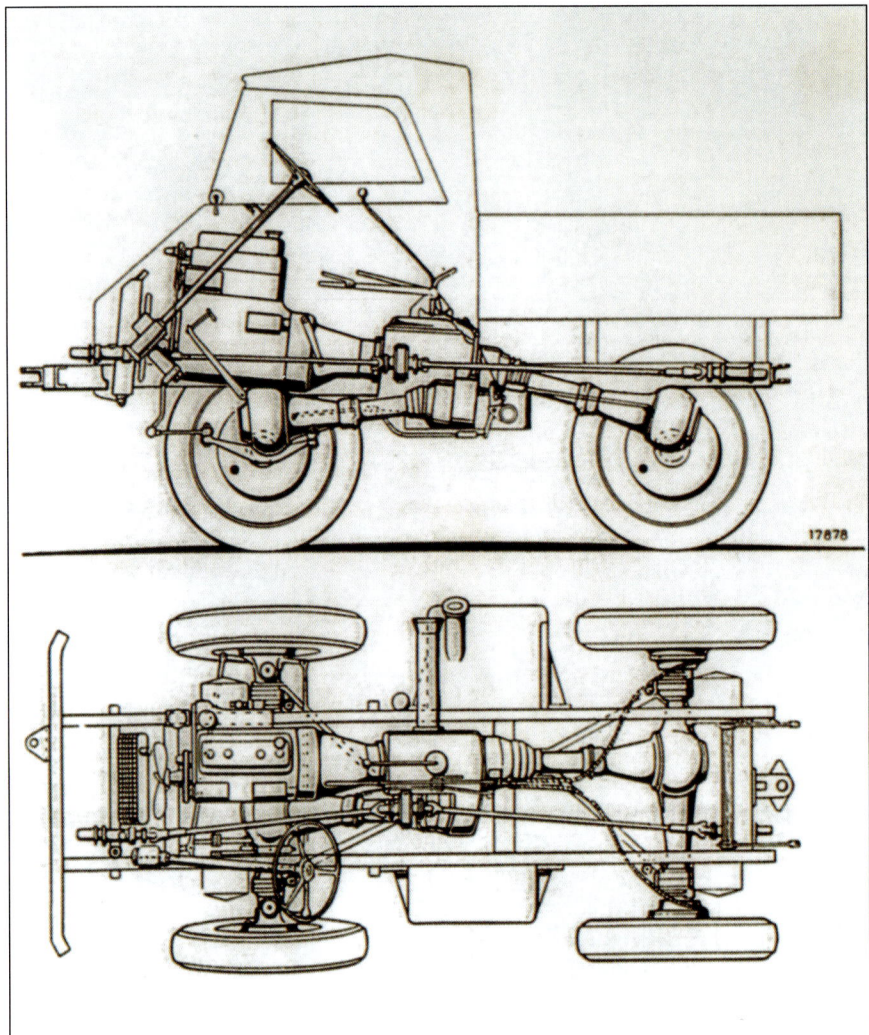

Skizzen zur Patentschrift...

die Fertigung der ersten 100 Unimog sind aktuelle Stücklisten erforderlich, die alle Änderungen aus den Versuchsfahrten beinhalten. Kein leichtes Unterfangen für Hans Zabel.

Eine der gravierendsten Änderungen kurz vor Serienstart betrifft das Getriebe. Für den langsam laufenden OM 636-Diesel ist das bisherige ZF-Getriebe nicht geeignet. In kürzester Zeit ist es Heinrich Rößler gelungen, ein Sechs-Gang-Getriebe mit Klauenschaltung zur besseren Abstufung zu entwickeln.

In einem Gehäuse sind Schalt- und Verteilergetriebe vereint. Der Vorteil: mit nur einem Schalthebel können sechs Vorwärts- und zwei Rückwärtsgänge gewählt werden. Ein weiterer Hebel ermöglicht das Zuschalten des Allradantriebes und die Betätigung der Differentialsperren. Alle drei Nebenantriebe (vorne, hinten sowie die Riemenscheibe als Seitenantrieb) werden über einen Hebel eingeschaltet.

Weitblick beweist der geniale Konstrukteur Heinrich Rößler. Ein Anflanschen eines Kriechganggetriebes ist ebenso möglich wie eine spätere Synchronisation der Klauenschaltung.

Hans Zabel reist im August 1947 durch Deutschland, um Angebote für Blech-, Schmiede- und Zulieferteile einzuholen. Ausschlaggebend für ihn ist vorrangig die Qualität der Teile, verbunden mit einem günstigen Preis. Gleichzeitig gilt es für Zabel, den Materialnachschub für die geplante Serienfertigung zu sichern.

Geplant ist die Produktion mit dem neuen Diesel-Aggregat OM 636 von Daimler-Benz. Außer den zwei Versuchsmotoren liegt immer noch keine verbindliche Lieferzusage des Stuttgarter Konzerns vor. Die Pkw-Konstrukteure sind sich noch nicht sicher, ob der neue Motor nicht zu laut für den Mercedes 170 V ist.

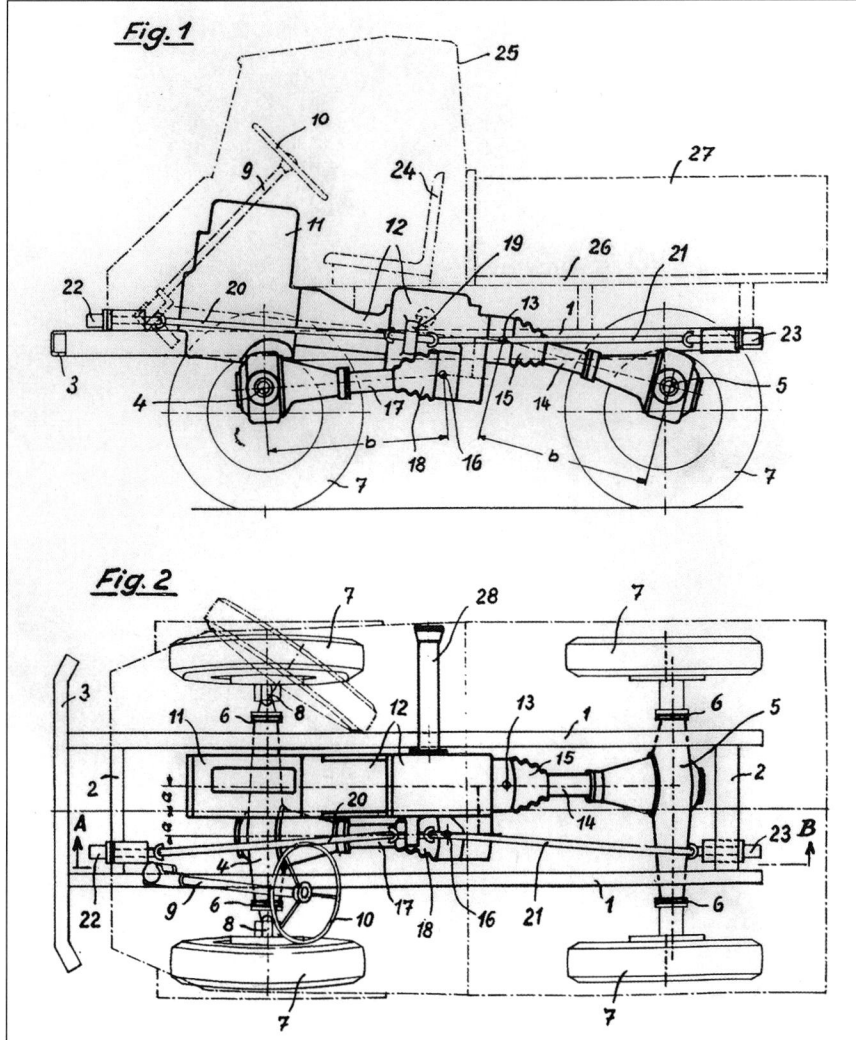

...der Erfinder Heinrich Rössler und Albert Friedrich

In Schwäbisch Gmünd bei Erhard & Söhne tagt am 9. Dezember 1947 die Unimog-Entwicklungsgesellschaft. Auf der Tagesordnung steht der Start der Serienproduktion.

Bei Boehringer muss als erstes die völlig betriebsfremde Produktion von Kraftfahrzeugen eingerichtet werden. Ebenso wichtig sind die aktuellen Pläne und Zeichnungen, die alle Veränderungen aus den Test- und Versuchsfahrten beinhalten. Als Terminvorgabe für die Serienproduktion sind die Monate März/April 1948 anvisiert.

In den ersten Januar-Wochen 1948 zieht die gesamte Unimog-Mannschaft von Schwäbisch Gmünd nach Göppingen um. Standesgemäß erfolgt der Transport der Zeichentische, Materialien, Aggregate, Werkzeuge, Montagevorrichtungen und Betriebsunterlagen auf den Pritschen der Unimogs.

In Göppingen wird ein bescheidener Teil einer Halle eingerichtet, in der zuvor die Bekoma-Boehringer KG Werkzeugmaschinen vertrieben hatte. Verstärkt durch erfahrene Konstrukteure aus dem Haus Boehringer gilt es nun, alle Montageeinrichtungen und Vorrichtungen für die Serienproduktion aufzubauen und einzurichten.

Der geplante Termin für den Start der Vorserienproduktion kann nicht gehalten werden. Wertvolle Zeit, aber auch Geld, verschlingt die Verbesserung der Vorrichtungen nach der Erkenntnis, dass ein Teil der geplanten Anlage nicht für eine Serienproduktion geeignet ist.

Erschwerend kommen die Vorboten der bevorstehenden Währungsreform hinzu. Rohstoffe und Zulieferteile treffen vor dem 21. Juni 1948 nur sehr zögerlich ein. Besonders schmerzlich ist diese Situation für das Unternehmen Boehringer. Alle Änderungsaufträge müssen in der neuen Währung gezahlt werden, obwohl noch keine Einnahmen vorhanden sind. Das größte Loch in die Finanzen hat die neue Vorrichtung für die Achsen in die Kasse gerissen. Die Firma Hirth hat nachweisen können, dass die gelieferte Version für eine Qualitätsfertigung nicht geeignet ist.

Das Aggregat OM 636 hat sich nach umfangreichen Versuchen mit verminderter Drehzahl in Verbindung mit dem neuen Getriebe als geeignet erwiesen. Das Wichtigste aber, die feste Lieferzusage von Daimler-Benz, steht noch aus.

Während die Vorbereitungen zur Serienfertigung auf Hochtouren laufen, beschäftigt sich die Versuchsabteilung intensiv mit der Entwicklung einer pneumatischen Kraftheberanlage. Die Anlage an Heck und Front soll mit einem pneumatischen Kraftheber ausgestattet werden.

Um den Unimog als „Geräteträger" weiter zu entwickeln, ist es notwendig, spezifische Geräte für das Fahrzeug zu fertigen. Diplom-Landwirt Erich Grass bemüht sich bei der inländischen Landmaschinenindustrie um Kooperationspartner. Erste Erfolge kann er bereits verzeichnen: Holder in Metzingen arbeitet an einem Spritzgerät mit Aufbautank zur Schädlingsbekämpfung und hat bereits die Produktion des von Boehringer entwickelten Fronthackgerätes übernommen. Die Rabe-Werke in Bad Essen sind mit der Entwicklung eines Pfluges für den Heckkraftheber beschäftigt.

Der Plan für den Sommer 1948: Der Unimog soll erstmals einer breiten, fachlich interessierten Öffentlichkeit präsentiert werden. Ort und Zeitpunkt sind bereits festgelegt: im August 1948 in Frankfurt/Main anlässlich der dort stattfindenden DLG-Ausstellung.

Der erste große öffentliche Auftritt wird „professionell" mit einem eigenen einseitigen Prospekt geplant und gestaltet. In aller Eile werden zwei Unimog fertig gestellt. Es sind die ersten, die über einen geraden Rahmen verfügen, das neue, von Heinrich Rößler entwickelte Getriebe haben, und denen der OM 636-Diesel als Antriebskraft dient.

Wieder gibt es Probleme mit dem Motor: bei Daimler-Benz liegt die Patentanmeldung noch nicht vor und man möchte den Motor noch nicht in der Öffentlichkeit präsentieren.

Fazit: Die Präsentation auf dem Stand Nr. 55 im Freigelände der DLG erfolgt mit zwei Unimog, deren Motorhaube verplombt ist. Vor dem blau-weißen Zelt werden zusätzlich ein angehängter Ventzky-Zwei-Schar-Pflug vom Typ „Gernegroß" und ein Zwei-Achs-Anhänger gezeigt. Boehringer präsentiert zusätzlich eine Dosenschließmaschine und ein Sturm-Ölgetriebe für den Antrieb von diversen Maschinen.

Viele Besucher reagieren skeptisch wegen der verplombten Motorhauben und dem noch unbekannten Hersteller des Motors. Viele sind der Meinung, bei dem Aggregat handele es sich um eine Attrappe.

Über eine halbe Millionen Besucher zählt die Messe. Der Andrang am Boehringer-Stand ist groß. Die Abgabe der Prospekte wird aufgrund der Nachfrage an wahre Interessenten reduziert. Trotzdem sind sie schnell vergriffen.

Albert Friedrich hält seine Erinnerungen in einem Bericht an die Präsentation fest: „Vom ersten Tag an war festzustellen, dass der Unimog die technische Sensation der Ausstellung war. Es war zeitweise so, dass der neben uns aufgebaute und mit großer Reklame ausgestattete Normag-Stand leer war, während sich bei uns die Leute so um die Fahrzeuge drängten, dass der Stand völlig überfüllt war. Jeden Tag kamen auch Behörden-Vertreter, Leute aus der Wissenschaft, Bauernführer usw., die uns ebenfalls ihr großes Interesse am Unimog ausdrückten."

Von den ersten Erfahrungen mit der Preiskalkulation von DM 13 800,- und den Absatzchancen berichtet er: „Die norddeutschen Bauern haben ausreichend Geld genug, denn schon vom ersten Tag wurden uns Angebote gemacht, die ausgestellten Fahrzeuge abzugeben. Die Leute wollten dafür DM 15 000,- pro Stück bezahlen."

Der nächste Schritt erfolgt, unmittelbar nach der Ausstellung, mit dem Plan zum Aufbau einer eigenen, großflächigen Vertriebsorganisation. Dass auch der Kundendienst ein großer Teil des Erfolges ist, weiß auch Christian Dietrich und bemüht sich um verlässliche Vertriebspartner. Zu den Partnern der ersten Stunde zählen die Firmen Henne in München, Kloz in Fellbach, Büsse in Großdüngen, Bleses in Köln, Hoes in Oldenburg, Rauschenberg &

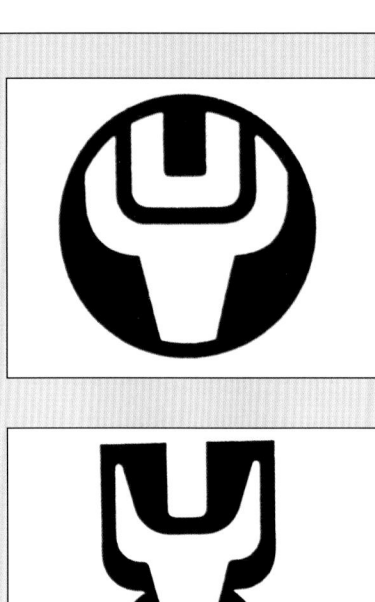

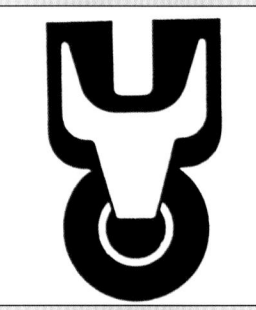

Entwürfe für Logo und Schriftzug

Hans Zabel erfand die Bezeichnung „Unimog"

Simmerling in Herford. Auch die Schweizer zeigen Interesse an dem Unimog, wie es die Reaktionen nach der Ausstellung zeigen.

In Deutschland finden die größten Verkaufsaktionen zunächst aber in Württemberg und Bayern statt. Der Diplom-Landwirt und Verkaufsleiter Seyfried der Firma Henne in München begeistert die Bauern des Freistaates für den Unimog – mit großem Erfolg. Der erfahrene Schlepper-Verkäufer kennt fast alle Großbetriebe in Bayern und mit zahlreichen Vorführungen der Unimog-Mannschaft gelingt es ihm, einen beachtlichen Teil der Betriebe für den Unimog zu gewinnen.

Eine gute Nachricht kommt am 12. Oktober 1948 aus Stuttgart: Daimler-Benz bestätigt den Auftrag von 100 Dieselmotoren des Typs OM 636 für die Nullserie und weitere 500 Aggregate für die Anschlussserie.

Albert Friedrich und Hans Zabel bemühen sich abermals um die „richtige" Einstufung des Unimog. Bereits am 18. Oktober 1948 herrscht reges Treiben auf der Burg Staufeneck bei Salach im Kreis Göppingen. Die Unimog-Mannschaft hat Vertreter der Landwirtschafts-, Finanz- und Verkehrsbehörden des vereinigten Wirtschaftsgebiets, auch „Bi-Zone" genannt, eingeladen, um ihnen das Können des Unimog zu demonstrieren. Gezeigt wird das neuartige Fahrzeug bei allen anfallenden Arbeiten in der Landwirtschaft: Pflügen mit angehängtem Zwei-Schar-Pflug und seitlichem Krümler, Mähen mit dem Frontmähwerk und angehängtem Mähbinder, Antrieb eines Dreschkastens, Transport schwerer Lasten mit einem Zwei-Achs-Anhänger.

Zusätzlich beeindruckt der Unimog beim Überwinden von Gräben und Steilstellen im Gelände. Gezeigt werden extreme Schräglagen und schnelle Transportfahrten, die mit den bisherigen Schleppern nicht möglich waren.

Der Aufwand hat sich gelohnt: Am Ende der Veranstaltung steht fest, dass der Unimog als „Sonderfahrzeug" eingestuft wird und vorerst beim Einsatz in der Landwirtschaft steuerfrei betrieben wird.

Der Start der Serienproduktion ist schon von April auf den November 1948 verschoben worden. Aber auch dieser Termin kann nicht gehalten werden. Gründe für die Verzögerung sind die noch nicht fertig gestellten Montageeinrichtungen und Probleme bei der Getriebefertigung. Aber auch die häufigen Stromsperren durchkreuzen die Terminplanung.

Ungebrochen ist hingegen das Interesse am Unimog. Im November 1948 sind es mehr als dreihundert Studenten und Professoren der Landwirtschaftlichen Hochschule in Hohenheim, die den Unimog begeistert testen. Erfolgreich selbst bei Minustemperaturen zeigt er sich im Dezember 1948 in Ulm vor zweihundert Interessenten. Fazit eines Zuschauers: „Andere Schlepper können das nicht leisten, selbst wenn sie einer größeren PS-Klasse angehören."

Der Unimog-Mannschaft ist bewusst, dass für den Erfolg aber auch für den Einsatz des Unimog ein vielfältiges Maschinenprogramm notwendig ist. Wichtig dabei ist die Rationalisierung der Arbeitsschritte. Ein Beispiel ist das Bestellen der Felder. Im Gegensatz zum herkömmlichen Schlepper bietet der Unimog den Vorteil, auf der Ladefläche das Saatgut mitzuführen. Der Landwirt kann so ohne Unterbrechung und Rüstzeit größere Schläge bearbeiten; ein zusätzliches Verkaufsargument für den Unimog.

Forciert wird auch der Zuliefermarkt für weitere Anbaugeräte. Ein wichtiger und kompetenter Partner ist die Forschungsanstalt in Völkenrode. Die Landwirtschaftsexperten beraten die Techniker, welche Geräte und Erntemaschinen mit dem Unimog betrieben werden können.

Fest steht, dass das Angebot an ausgehobenen Geräten noch erweitert werden muss. Dies erfordert aber die Weiterentwicklung der pneumatischen Krafthebeanlage. Der Hubzylinder im Heck hat sich grundsätzlich bewährt. Einziger Nachteil: schwere Anbaugeräte können wiederholt

Erste Versuchsfahrten im Oktober 1946. Am Steuer Heinrich Rößler, in der Mitte Herr Rankl und rechts Hans Zabel

Erste Versuche mit dem Frontmähwerk

Erste Vorführung mit dem Mähwerk

Vorführung mit Ch. Dietrich

nicht ausgehoben werden. Mit einem zweiten pneumatischen Zylinder im Heck kann dieses Problem aber gelöst werden.

Anders ist es bei dem selbstentwickelten Frontmähwerk. Bei den Vorführungen hat sich gezeigt, dass es bei den Praktikern in dieser Ausführung keine Zustimmung findet. Man nutzt die Erfahrung der Firma Mörtl und arbeitet gemeinsam an der Entwicklung eines Seitenmähwerks. Die ersten Vorführungen mit erfahrenen Landwirten haben gezeigt, dass sich ein seitlich links montierter Messerbalken bewähren könnte.

Ein großes Problem bereitet die Bereifung. Auf dem Markt sind ausreichend Reifen vorhanden, das Problem ist aber das Profil. Bei den Vorführungen hat sich gezeigt, dass die vorhandenen Profile der Straßen- und Militärreifen nicht ausreichend auf die Anforderungen des Unimog zugeschnitten sind. Das Problem, mit geringem Luftdruck auf dem Acker als auch bei normalem Druck auf der Straße die gesamte Zugkraft des Motors umzusetzen, kann nur in Verbindung mit einem Reifen-Hersteller gelöst werden. Welcher Produzent ist aber bereit, das Wagnis einzugehen, für ein neues, völlig unbekanntes Fahrzeug einen speziellen Reifen zu entwickeln. Zu diesem Zeitpunkt ist das Fahrzeug noch nicht lieferbar, der Absatz und die Zukunft sind alles andere als gesichert. Viel Überzeugungsarbeit ist notwendig und letztlich erklärt sich die Continental AG in Hannover bereit, das Risiko des Ungewissen einzugehen.

Die Hannoveraner entwickeln – speziell für den Unimog – das Profil „SR 1". Dieser Pneu ist sowohl für die Straße als auch für den Acker und den Forst geeignet. Der überwiegende Teil der Typen 70200 und 2010 wird mit diesem Profil später ausgeliefert.

Die Spirale dreht sich: das steigende Angebot an Anbaugeräten erhöht die Zahl der Interessenten und die Zahl der Vorführungen. Bei der Demonstration der Leistungsfähigkeit sind die Zugkraft und extreme Geländegängigkeit des Unimogs die schlagkräftigen Argumente.

Gute Nachricht kommt vom Patentamt in München. Mit Wirkung vom 21. November 1948 und der Patentschrift-Nr. 950 430 ist der Unimog in seiner Grundkonzeption als mehrachsiges Motorfahrzeug für die Landwirtschaft patentiert. Als Erfinder

Prototyp U5 mit Seitenmähwerk

Heinz Schnepf bei einer Probefahrt mit dem Fahrgestell des Prototypen U5

Prototyp, noch mit Benzinmotor

Vorserienfahrzeug des Boehringer Unimog

sind Dipl.-Ing. Albert Friedrich und Dipl.-Ing. Heinrich Rößler eingetragen.

Oft genug muss der Produktionsstart verschoben werden, aber im Februar 1949 ist es endlich soweit. Die „Nullserie" – wie die Vorserie im Fachjargon heißt – beginnt in Göppingen mit dem Bau der ersten hundert Unimog.

Herr Mößner, Bürgermeister und Landwirt aus Bürg bei Winnenden, nimmt im März 1949 den ersten serienmäßig gefertigten Unimog in Empfang. Bezeichnend sind die Einsatzgebiete des Unimog beim neuen Besitzer: neben landwirtschaftlichen Arbeiten ist der Einsatz in Forst und Obstgarten geplant. Ebenso soll der Unimog für Transportarbeiten eingesetzt werden. Da sind zum einen die Fahrten zum Markt, um das Obst anzubieten, und zum anderen soll der Milchtransport der Gemeinde mit dem neuen „Universal-Motor-Gerät" erfolgen.

Der zweite Kunde, der seinen langersehnten Unimog in Empfang nehmen kann, ist Landwirt Waibl vom Sachsenhof (Schwäbisch Gmünd). Sein Betrieb in mittlerer Größe beschäftigt sich mit der Schafhaltung und seit dem Kriegsende ist der Anbau von Gemüse ein zweites, wichtiges Standbein. Der Unimog ist für den Landwirt Arbeitsmaschine und Transportfahrzeug zugleich. Neben der Feldarbeit sind häufige Transporte zum Gemüsemarkt und das Umsetzen der Schafherde notwendig. Beeindruckend ist, dass schon den beiden ersten Kunden die Vielfältigkeit des Unimog gezeigt werden kann.

Die „Rheinische Landesschau" findet Ende März 1949 in Köln statt und ist das Ziel von Hans Zabel. Auf eigener Achse fährt er mit dem Prototyp „U6" nach Köln. Während der Ausstellung präsentiert er eindrucksvoll die Vorzüge des Unimog und kann die Rückfahrt mit einigen abgeschlossenen Aufträgen antreten.

Ein weiteres Aufgabengebiet für den Unimog neben der Landwirtschaft ist der Forstsektor. Um das Fahrzeug auch auf diesem Gebiet zu etablieren, organisiert Herr Seyfried eine Vorführung bei der oberen Forstbehörde des Freistaates Bayern.

Bei der Präsentation im schwierigen Waldgelände zeigt der Unimog seine extreme Geländetauglichkeit. Die Bewältigung des unwegsamen Geländes mit herkömmlichen Schleppern ist bis zu dieser Vorführung nicht möglich gewesen. Obwohl die Vorführung ohne die im Forst so wichtige Seilwinde erfolgte kann Herr Seyfried einen Erstauftrag von 25 Unimog mit Seilwinde mit nach München nehmen.

Dies bedeutet für die Unimog-Entwicklung eine neue Aufgabe, denn die Heckseilwinde muss in kurzer Zeit konstruiert werden und einsatzfähig sein. Unterstützung bei dieser Aufgabe erhält man von der Firma Heinkel in Zuffenhausen. Der Lieferant des Antriebsstrangs der Achsen ist kein Unbekannter, und im Herbst 1949 kann mit der Erprobung der ersten Heckseilwinde begonnen werden.

Inzwischen bezieht man auf dem Firmengelände von Boehringer die „Unimog-Halle". Ein Dach vereint Produktion, Teilelager, Kundendienst sowie Versuchs- und Geräteerprobung. Lediglich die Abteilungen Konstruktion und Verkauf haben ihren Sitz in einem Bürogebäude auf der gegenüberliegenden Straßenseite.

Zur Jahresmitte 1949 läuft die Produktion auf Hochtouren. Ebenso ungewöhnlich wie der Unimog ist auch dessen Fertigung. Das im Automobilbau bekannte

Fließbandsystem findet bei Boehringer keine Verwendung. In eigens konstruierte, mobile Fertigungsblöcke werden die Rahmen des Unimog vorn und hinten eingehängt. An jeder der sechs Montagestationen arbeiten zwei Monteure. Vorteil der mobilen Blöcke: einzelne Produktionsstationen werden ebenso durchlaufen wie beim Fließband.

Erstaunlich ist die extrem niedrige Fertigungstiefe. Das Triebwerk liefert Daimler-Benz aus Stuttgart. Karosserie und das Achsgehäuse werden weiterhin bei Erhard & Söhne in Schwäbisch Gmünd gefertigt. Für das Differential zeichnet Heinkel in Zuffenhausen und für die Steckachsen Klein in Esslingen verantwortlich. Die Pritsche wird von Spieth in Oberesslingen gefertigt und die Felgen liefert Südrad aus Ebersbach an. Zugeliefert werden die Reifen von Continental, die Druckluftanlage von Westinghouse und die Elektrik von Bosch. Der Rahmen wird zu Beginn der Produktion noch in Eigenregie gefertigt, aber kurze Zeit später übernimmt diese Aufgabe die Firma Witte. Nur das Getriebe stellt Boehringer selbst her.

Die Wochenproduktion bei Boehringer schwankt zwischen sieben und neun Unimog, gefertigt von weniger als fünfzig Mitarbeitern. Die meisten Kunden holen – begleitet von ihrem Händler – ihren neuen Unimog persönlich von Schwäbisch-Gmünd ab.

Das Bundes-Sortenamt des Landwirtschaftsministeriums erteilt den ersten Großauftrag: 25 Unimog werden benötigt, um die kleinen Parzellen-Dreschmaschinen zu transportieren, und um sie in den Versuchsfeldern mit der seitlichen Riemenscheibe des Unimog anzutreiben.

Nach Abschluss der „Null-Serie" geht es dank der zahlreichen Auftragseingänge sofort weiter mit der anvisierten Serienproduktion von zunächst 500 weiteren Unimog.

Die erste Präsentation des Unimog auf der DLG in Frankfurt/Main zeigt auch im Winter 1949 noch eine nachhaltige Wirkung. Der Interessentenkreis für den Unimog nimmt ständig zu. Zusätzlich hilft der gut angelaufene Verkauf für einen höher werdenden Bekanntheitsgrad. Immer mehr und größer werdende Vorführungen mit einer immer größer werdenden Auswahl sind die Folge. Bereits im Oktober 1949 hat man aus diesen Gründen den Diplom-Landwirt Manfred Florus eingestellt.

Wie die Belegschaft wächst auch das Geräteangebot des Unimog. In Metzingen haben die Gebr. Holder mit der Produktion der ersten Pflanzenschutzspritze für den Unimog begonnen. Bestehend aus einem Holzfass, Rührwerk, Spritzgestänge und Pumpe sind alle Komponenten auf den Unimog zugeschnitten. Das Fass ist passend in seinen Abmessungen auf der Pritsche platziert und die Pumpe wird von der Heckzapfwelle angetrieben.

Die Neuvorstellung eines Pfluges, speziell gefertigt von der Firma Eberhard für den Unimog, erregt Aufsehen. Neben dem Rabe-Pflug ist es bereits der zweite Pflug, der auf die Besonderheiten des Unimog abgestimmt ist.

Erste Versuche unternimmt die Firma Schmotzer mit einem geschobenen Fronthackgerät für den Unimog. Die Firma Erhard und Söhne hat inzwischen ein halbautomatisches Kartoffellegegerät entwickelt. Am Heck angebracht erfolgt der Antrieb mittels Kette über die Hinterräder des Unimog. Ungewöhnlich ist der große Vorrat an Pflanzkartoffeln, der auf der Pritsche in einem speziellen Vorratsbehälter mitgeführt werden kann.

Die Seilwinde, deren Produktion inzwischen erfolgreich angelaufen ist, erfordert ein zusätzliches Spulgerät. Die Erfahrungen in der Praxis haben gezeigt, dass nur mit Hilfe einer Vorrichtung im schrägen Zug gearbeitet werden kann, um das Stahlseil sauber und frei von Beschädigungen auf die Trommel zu spulen.

Eigentlich für den Einsatz in der Land- und Forstwirtschaft geplant, zeigen sich immer mehr Interessenten, die den Unimog auch außerhalb dieser Bereiche einsetzen möchten. Ein Grund ist sicherlich die zu dieser Zeit gültige Autobahntauglichkeit des Fahrzeuges. Es gilt eine Mindestgeschwindigkeit von 50 km/h auf den Autobahnen, die der Unimog um beachtliche 3 km/h überschreitet – glaubt man den Angaben im Kfz-Brief. Doch dürfte der entscheidende Grund der Geschwindigkeitsvorsprung gegenüber dem Schlepper sein.

Weitere Vorteile sind die Größe des Unimog und der geringe Wendekreis, der ihn auch für seinen Einsatz in Kommune, Gewerbe und Industrie wie geschaffen macht. Zu dieser Zeit gibt es einen intensiven Nahverkehr, der Fernverkehr wird zum größten Teil noch auf der Schiene abgewickelt. Die eingesetzten Straßenzugmaschinen sind in der Regel von landwirtschaftlichen Schleppern abgeleitet. Einzig ihr Schnellganggetriebe lässt sie bis zu 35 km/h schnell werden.

Einen Teil dieser Aufgaben könnte der Unimog übernehmen, hat er doch serienmäßig eine Luftdruck-Anhängerbremsanlage und noch weitere Vorteile: kompakte Abmessungen, Verdeck, Allradantrieb, Pritsche und die Möglichkeit zum Anbau

Fahrgestell des 70200-Dieselmotors, noch mit geteiltem Ventildeckel

und Antrieb von Zusatzgeräten wie z.B. einem Vorbaukompressor. Besonders beliebt ist der Unimog auf engen Betriebshöfen. Dort wird er zum Rangieren wegen seiner Wendigkeit und seiner enormen Zugkraft gern eingesetzt.

Der erfolgreiche Einsatz beim „Retten, Löschen, Bergen" wird auch recht früh erkannt. Für den Feuerwehrdienst montiert man ein Sitzgestell auf der Pritsche mit integrierten Schlauchhaltern und einer leistungsfähigen Vorbaupumpe. Im Gegensatz zu der bisherigen Kombination von Schlepper und TSA (Tragkraft-Spritzen-Anhänger) ist der Unimog schneller am Einsatzort und mit der Vorbaupumpe auch schneller einsatzbereit. Seine extreme Geländegängigkeit ist ein weiterer wichtiger Aspekt für die Feuerwehr.

Interesse am Unimog bekunden auch die Eidgenossen in der Schweiz. Die Baufirma Losinger hat die Vorführ-Mannschaft zu einer ungewöhnlichen und risikoreichen Spezialvorführung im Frühjahr 1950 in die Schweiz geladen. Für ein großes Staudammprojekt in den Walliser Alpen bei Arolla muss das Baumaterial transportiert werden. Bisher hat man als einzige Möglichkeit für den Transport in dem unwegsamen Gelände nur Maulesel benutzt.

Eine echte Herausforderung für den Unimog und seine Mannschaft: Der erfahrene Vorführer Maier aus Schwäbisch Gmünd soll das Baumaterial mit dem Unimog in Form von angehängten Lasten den Berg hinauf befördern. Die Zugmaschine hat eine Spurbreite von 1,27 m, aber der Weg entlang der steilen Schluchten und Abhänge ohne jegliche Sicherheitsvorkehrungen ist zum Teil nur 3 cm breit.

Die geforderte Aufgabe erfüllen Unimog und Fahrer – zum Teil unter Lebensgefahr – zur vollen Zufriedenheit der Firma Losinger, die als Dank sofort fünf Unimog ordert.

Ungefährlich ist die Vorstellung für den Fahrer am Thuner See. Hier hat die Schweizer Kriegs-Technische-Abteilung (KTA) um eine Vorführung gebeten. Ein recht risikoreicher Termin für den Fortbestand des Unimog: die noch gültige „production order" des Fahrzeugs gilt ausschließlich für den zivilen Einsatz und nicht für militärische Zwecke.

Die Vertreter der KTA sind begeistert von der Leistungsfähigkeit des Unimog und beschließen, 250 Geländefahrzeuge vom Typ 70200 zu ordern. Ein ungeahnter Großauftrag für die Unimog-Mannschaft und prekär zugleich. Um die Produktion nicht zu gefährden, werden die Unimog in der Grundausstattung als Zivil-Fahrzeuge in die Schweiz geliefert. Erst bei den Eidgenossen werden sie für ihren militärischen Einsatz aus- und umgerüstet.

Der geplante Austausch von Erfahrungen, Wünschen und Problemen rund um die Technik und Geräte des Unimog findet erstmals im Mai 1950 statt. Mit einer Teilnehmerzahl von 25 Vertretern ist es mehr ein „Familienfest" als eine Tagung. Eine Anregung dieser Veranstaltung ist die Erstellung zweier Listen.

Diese Aufstellungen in eigener Sache bestehen zum einen aus einer Zusatzgeräteliste, in der die Vielzahl der Anbaugeräte vorgestellt wird. In der zweiten, einer Referenzliste, beurteilen Unimog-Eigner ihr Fahrzeug. Sie erläutern die Einsatzzwecke ihres Unimog. Eine interessante und werbewirksame Lektüre nicht nur für Neukunden.

Im Juli 1950 übergibt man einen Unimog dem Kuratorium für Technik in der Landwirtschaft. Das Fahrzeug soll auf dem Schlepper-Prüffeld in Marburg einer technischen Untersuchung unterzogen werden. Hintergrund ist der Erhalt der vollwertigen Annerkennung des Unimog in der Landwirtschaft. Zeitgleich wird das Fahrzeug bei der DLG (Deutsche Landwirtschafts-Gesellschaft) zur Prüfung angemeldet.

Die DLG-Ausstellung des Jahres 1950 wirft ihre Schatten voraus. Der Messeauftritt des Unimog wird gründlich vorbereitet. Trotz reichlich Arbeit ist man bemüht, das Produkt „Unimog" optimal zu präsentieren. Da gilt es zunächst, zwei neue Prospekte zu entwerfen. Es fehlt die Zeit und so trifft man sich am Abend bei einem Glas Wein, um Inhalt und Konzept zu besprechen. Das Ergebnis, zwei reichlich bebilderte Prospekte, in denen die vielfältigen Einsatzmöglichkeiten des Unimog eindrucksvoll dokumentiert werden.

Der Messestand in Frankfurt soll 1950 professioneller gestaltet werden als 1948. Der großzügige Stand im Freigelände erhält in der Mitte einen weißen Messe-Pavillon. Die Innenwände werden mit farbigen Einsatzbildern des Unimog dekoriert, die aus den Prospekten entnommen sind. Auf einem Podest ist ein Fahrgestell ohne Aufbau platziert. Es gibt einen großzügigen Einblick in die Technik des Unimog: Rahmenbauweise, Portalachsen, Antriebskonzept und Federung können den Besuchern eindrucksvoll erläutert werden.

Nicht weniger als acht Unimog werden auf dem Stand gezeigt. Ein Fahrzeug ist mit der Holder-Aufbauspritze bestückt, ein anderes mit Rabe-Pflug, mit Fronthackgerät und Mörtl-Seitenmähwerk. Eindrucksvoll auch der Unimog mit Erhard-Kartoffellegegerät, als landwirtschaftliches Transportfahrzeug und eine Ausführung mit Vorbau-Kompressor. Selbst als Feuerwehrfahrzeug wird der Unimog präsentiert.

Heckseilwinde – noch in der Erprobung

Unimog der Vorserie beim Langholztransport

Eine gute Nachricht kurz vor der Eröffnung der Ausstellung. Nach dem Motto „steigende Produktion senkt die Preise" wird der Preis vom Debüt 1948 mit DM 13 800 auf DM 9 975 herabgesetzt. Erstmals wird auch für den Unimog der „Kauf auf Raten" offeriert. Für die nicht so finanzstarken Kaufinteressenten werden verschiedene Teilzahlungsmöglichkeiten angeboten.

Die beste Werbung während der Messe sind aber die anwesenden Unimog-Besitzer. Gern geben sie ihre Erfahrung, aber auch ihre Begeisterung mit dem Unimog an das interessierte Publikum weiter. Über einen reißenden Absatz von Prospekten und die, eigens für die Ausstellung gefertigten Boehringer-Anstecknadeln wird berichtet. Auch heute noch ist die Anstecknadel eine begehrte Rarität für den Unimog-Freund.

Ein Auszug aus dem Artikel „Bauernschlepper marschieren" aus der Zeitschrift Feld und Wald vom 21. Juli 1950 – zur 40. DLG 1950 in Frankfurt:

„Der Unimog der Firma Gebr. Boehringer GmbH, Göppingen (Württemberg) hat sich als Universal-Motorgerät dank seiner vielfältigen Einsatzmöglichkeiten bereits einen großen Ruf erworben. Sein Geschwindigkeitsbereich liegt zwischen 1-50 km/h. Von besonderer Bedeutung ist seine bekannte Ladepritsche, die in ihrer Tragfähigkeit (1000 kg) und ihrem Fassungsvermögen so bemessen ist, dass sie erlaubt, bei der Frühjahrsbestellung die notwendigen Dünger- und Saatgutmengen sowie im Sommer den laufenden Grünfutterbedarf zu befördern und im Herbst die gesamte Erntebergung ohne zusätzliche Zugkraft durchzuführen. Neben den üblichen Anbaugeräten wie Pflug und Mäher sind als Besonderheiten zu erwähnen das vordere Hackgerät oder Mähbalken, die halbautomatische Kartoffellegeeinrichtung für 6 ha Tagesleistung, das auf der Ladepritsche aufgesattelte Spritzfass mit Schädlingsbekämpfungsaggregat, das Feuerwehraggregat, die Seilwinde und ein Luft-Presser zum mobilen Betrieb von Presslufthämmern. 1,7-Daimler-Benz-Dieselmotor von 25 PS bei 2500 U/min. Das neuartige Getriebe erlaubt, den ersten und zweiten Gang durch Umlegen eines Hebels auf Rückwärtsfahrt einzustellen. Am Getriebe sind die seitliche Riemenscheibe und die Zapfwelle angeschlossen, die nach vorn und hinten geht. Bei Schlechtwetter ist das Allwetterverdeck besonders nützlich. Als weitere Anbauten sind zu erwähnen Druckluft-Kraftheber und Kreiselpumpe (800 l/min)."

Fazit der Ausstellung in Frankfurt: Große Resonanz und prall gefüllte Auftragsbücher sind der Lohn für die Mühen. Nach dem Auftritt in Frankfurt wird die Fertigung auf fünfzig Unimog pro Monat gesteigert. Noch kann den Order-Wünschen der Kunden mit relativ kurzer Lieferzeit nachgekommen werden.

Die ständig steigende Nachfrage wirft für Boehringer und die Unimog-Mannschaft neue Fragen auf. Die vorhandenen Produktionsvorrichtungen sind nicht für eine Großserienfertigung ausgelegt. Investitionen sind für eine Vergrößerung der Gebäude, aber auch für Produktionsvorrichtungen nötig. Ist dies Vorhaben in Göppingen möglich?

Das nächste Problem kommt aus Stuttgart. Daimler-Benz will über das Kontingent der zugesagten 600 Motoren hinaus keine verbindliche Lieferzusage abgeben, lässt der Vorstandsvorsitzende Wilhelm Haspel wissen.

Auf der Suche nach einem geeigneten Dieselmotor werden erste Kontakte nach Kassel geknüpft. Die Gespräche mit dem Lkw-Hersteller Henschel verlaufen ebenso wie mit der Hanomag in Hannover ergebnislos.

Der Erfolg des Unimog ist Daimler-Benz nicht verborgen geblieben. Die ersten Vorgespräche lassen, im Gegensatz zu 1947/48, das Interesse an einer Produktionsübernahme erkennen. Die Gespräche mit der Stuttgarter Konzernzentrale werden unter „leichtem Druck" der Unimog-Mannschaft geführt: eine fehlende Lieferzusage der Motoren bedeutet das „Aus" des Unimog. Andererseits erhofft man sich durch eine Übernahme von Daimler-Benz eine noch größere Marktchance.

Die Gespräche enden im September 1950 für beide Seiten erfolgreich. Die Daimler-Benz AG bestätigt am 5. September 1950 ihre Absicht schriftlich. Wenige Wochen später ist die Übernahme perfekt. Die Unimog-Entwicklungsgesellschaft und die Daimler-Benz AG halten die Details in dem Vertrag vom 27. Oktober 1950 fest und übertragen an die Daimler-Benz AG:

- alle Erfindungen und Patente, die den Unimog als auch seine Zusatzgeräte betreffen. Es sind acht Patente. Zwei lauten auf den Gesellschafter Albert Friedrich und sechs Patente sind im Besitz der Entwicklungsgesellschaft.
- alle Konstruktionsunterlagen des Unimog, einschließlich seiner Zusatzgeräte
- alle Unterlagen über die Versuche und die Erprobung werden übergeben
- der Name „Unimog" einschließlich aller angewandten Warenzeichen im In- und Ausland

Alle Mitarbeiter, die zur Daimler-Benz AG wechseln wollen, werden freigestellt. Rechtswirksam wird der Vertrag nur, wenn ein weiterer Vertrag mit den Gebr. Boehringer über die Herstellungs- und Vertriebsrechte abgeschlossen wird. Wenige Tage später ist die Einigung perfekt: Im Vertragstext mit den Gebr. Boehringer wird festgelegt, dass mit der „Ordnungsnummer" 600 (Fahrgestell-Nr.) die Produktion und der Vertrieb in Göppingen enden. Geregelt ist auch die Übernahme der Mitarbeiter, der Produktionseinrichtung und aller Unterlagen, die zum Bau und Vertrieb des Unimog notwendig sind.

Umzug nach Gaggenau

Die Produktionsstätte des Unimog wird verlagert. Der neue Standort ist das Daimler-Benz Werk in Gaggenau. Die Fertigung von Kraftfahrzeugen hat in der badischen Stadt eine lange Tradition.

Bereits 1893 fährt das erste Fahrzeug von den „Bergmann Industrie Eisenwerke" durch das Murgtal. 1905 wird die Süddeutsche Automobilfabrik gegründet, in der das Produktionsprogramm vom Luxuswagen bis zum Lastwagen reicht. Bereits 1910 übernimmt Benz & Co aus Mannheim das Werk in Gaggenau. Produziert werden Motoren und Lastwagen.

Im Jahr 1926 fusionieren die beiden ältesten Automobilfabriken Daimler und Benz. In der Fabrik im Murgtal spezialisiert

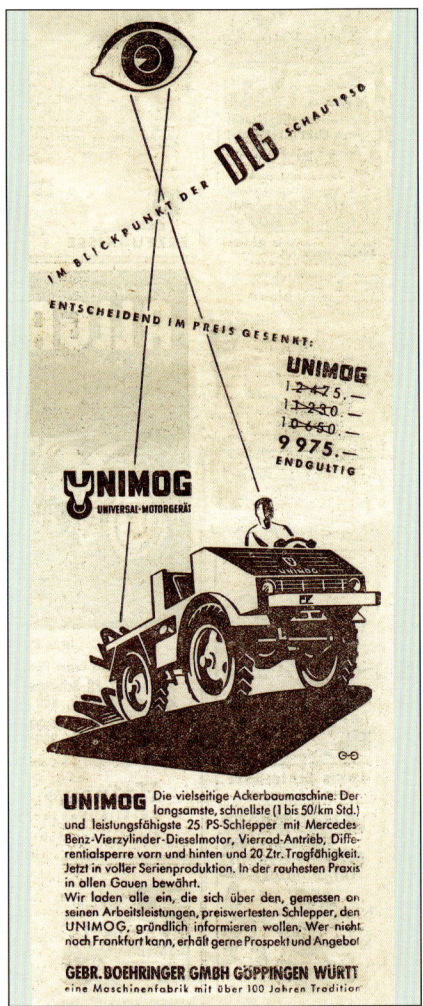

1950: Steigende Produktion senkt die Preise

Erste Serienfahrzeuge bei Boehringer in Göppingen

Boehringer-Werbung für den Unimog 1950

man sich auf den Bau von Lastkraftwagen. Erfolgreich sind die Lastwagen mit dem Stern und dem Diesel-Schriftzug auf dem Kühler. Bis zum Ausbruch des zweiten Weltkrieges zählt das Werk 6 300 Mitarbeiter.

Das Werk wird 1944 Ziel eines Luftangriffs und restlos zerstört. Bereits im Mai 1945 wird mit dem Aufbau begonnen. Die Produktion beschränkt sich zunächst auf verschiedene Varianten des 5-t-Lkw. Im Oktober 1950 ergänzt ein 6,6-t-Lkw das Programm.

Die Daimler-Benz AG hat für das Werk in Gaggenau die Schwerlastwagen-Produktion vorgesehen. Mit der Aufnahme der Unimog-Fertigung erhofft man sich eine langfristige Sicherung des Standortes.

Die zweite Unimog-Vertretertagung der Gebr. Boehringer findet im Spätherbst 1950 statt. Eigentlich als Erfahrungsaustausch zwischen Produktion und Vertrieb geplant, nehmen nach der Bekanntgabe

Fertigung in Gaggenau

Konrad Adenauer 1951 am Unimog-Stand der DLG

Der Umzug beginnt planmäßig, doch nur ein Teil der Belegschaft wird mit diesem Vorhaben beschäftigt. Der Rest arbeitet in Produktion und Auslieferung der letzten Boehringer-Unimog. Der geplante Umzug verzögert sich erheblich, werden doch bis zum März 1951 in Göppingen die letzten Unimog vom Typ 70200 gefertigt.

Die Schweizer Armee erhält von ihrem Großauftrag die ersten 50 Unimog aus der Göppinger Fertigung. 200 werden ab 1951 in Gaggenau montiert. Nachdem der letzte der 600 Unimog vom Baumuster 70200 gefertigt ist, werden die restlichen Maschinen nach Gaggenau transportiert.

Um im Mai 1951 in Hamburg an der DLG-Ausstellung teilnehmen zu können, hält man vorsichtshalber vier Fahrzeuge aus der Boehringer-Produktion zurück. Pünktlich zum Ausstellungsbeginn kann aber noch der erste in Gaggenau hergestellte Unimog die Werkhallen verlassen und dem Publikum in Hamburg präsentiert werden.

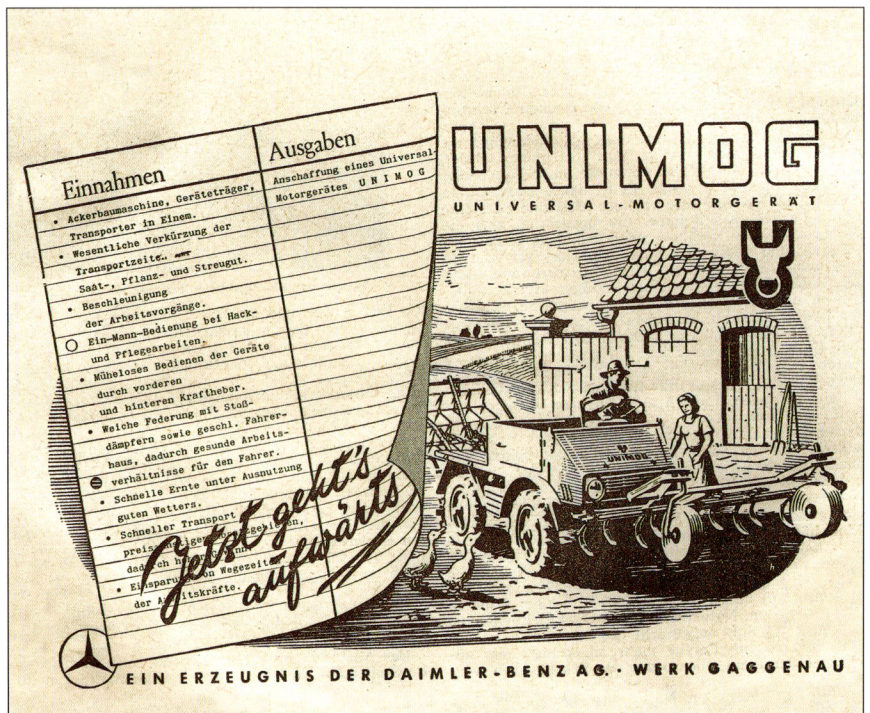

Werbung für den Unimog 1951

der Daimler-Benz-Übernahme bereits Konzernvertreter aus Stuttgart teil. Eingehend wird den Vertriebspartnern die Übernahme und Umsiedlung der Produktion erläutert. Erste Gespräche mit den Vertriebspartnern und den Herren von Daimler-Benz über eine mögliche Zusammenarbeit werden geführt.

Die Daimler Benz AG gründet die Abteilung „Unimog". Direktor und kaufmännischer Leiter wird Dr. Rummel. Schon im Dezember 1950 bereist er gemeinsam mit Hans Zabel die Boehringer-Vertretungen, um eine Zusammenarbeit mit den neuen Inhabern vorzubereiten.

Geplant ist der Umzug von Göppingen nach Gaggenau für den 18. Januar 1951. Die weitere Planung sieht einen Produktionsbeginn für den April 1951 unter der Regie von Daimler-Benz vor.

Innenansicht: Unimog 2010

1951: Unimog 2010 – Probefahrt mit Westfalia-Wohnwagen

Unimog 2010 mit Schmidt Keilpflug

Unimog 2010 mit Schmidt Vorbaufräse und Aufbaumotor

24 Unimog & MB trac

Das neue Produkt aus dem Hause Daimler-Benz wird auf einem großzügig gestalteten Stand präsentiert. Nicht nur mit einem neuen Prospekt will man zeigen, dass der Unimog nun von Mercedes kommt.

Die Deutsche Landwirtschafts-Gesellschaft (DLG) verleiht dem Unimog im September 1951 (nach Befragung zahlreicher Landwirte und eigenen Prüfungen) ihre höchste Auszeichnung, die silberne Preismünze. Ab sofort erhält jeder in Gaggenau gefertigte Unimog eine Nachbildung dieser Medaille werbewirksam am Fahrerhaus.

Während in Gaggenau die Vorbereitungen zum Serienbeginn auf Hochtouren laufen, ist man um das Vertriebsnetz bemüht. Eine eigenständige Unimog-Händler-Organisation soll aufgebaut und der Vertreterstab vergrößert werden. Neben dem Verkauf ist der Kundendienst ein wichtiges Argument, um dessen Erweiterung man bemüht ist.

Ein weiterer wichtiger Schlüssel zum Erfolg des Unimog sind die Geräte. Zu ihrer Entwicklung beschreitet man einen neuen Weg: gemeinsam mit Gerätepart-

1952: Unimog mit Metz-Feuerwehraufbau

Unimog-Löschfahrzeug mit Zwillingsbereifung

1955: Unimog 401 mit Metz-Aufbau für Chile

Unimog 401, Baujahr 1955

Unimog mit Glogger-Forstausrüstung

nern werden die verschiedenen Arbeitsgeräte entwickelt und getestet. Nach erfolgreichem Abschluss erfolgt eine Freigabe von Daimler-Benz. Der Vertrieb der Geräte kann nach der Freigabe über die Unimog-Vertretungen erfolgen.

Viele Kunden lockt die Angebotsvielfalt und die Sicherheit, ein geeignetes Gerät zu erwerben. Beide Hersteller garantieren den Erhalt der Gewährleistung von Unimog und Gerät.

Baumuster: Vom 2010 zum 411

Am 3. Juni 1951 ist es endlich soweit: die Fließband-Fertigung des Unimog in Gaggenau beginnt. Die mobilen Fertigungsböcke der Boehringer-Produktion haben ausgedient. Ein großer Teil der früheren Lieferanten sind übernommen worden. Die 1005 Unimog, die 1951 Gaggenau verlassen werden, werden fast unverändert weitergebaut.

Modifiziert ist der Motor: äußerlich unterscheidet er sich vom Vorgänger OM 636/I-U durch den durchgehenden Ventildeckel und den waagerecht stehenden Ölfilter. Der Vier-Zylinder-Dieselmotor OM 636/VI-U kommt fast baugleich auch im Mercedes-Pkw 170 D und als Industriemotor zum Einsatz.

Im Verkauf bleibt die Bezeichnung „Unimog 25 PS" erhalten. Intern ändert sich mit dem Umzug das Baumuster: statt 70200 in Göppingen ist es in Gaggenau 2010.

Die Bezeichnung des Baumusters ändert sich mit Einführung des festen Fahrerhauses 1953. Statt „2010" werden die Bezeichnungen „401" für kurzen und „402" für langen Radstand eingeführt. Der 401 wird in fünf Baumustern angeboten, der 402 in vier Baumustern.

Erste deutlich sichtbare Veränderungen gibt es seit Mai 1953: ab Werk wird der Mercedes-Stern am Kühlergrill angebracht. Neu sind auch die Tiefbettfelgen mit gitterartigen Löchern, die zu Beginn in flacher, später in gewölbter Form ausgeliefert werden.

„Für die Forstwirtschaft geeignet und zu empfehlen" befindet der Forsttechnische Prüfungsausschuss 1954. Dem Unimog wird die Auszeichnung wegen seines außergewöhnlichen Leistungsvermögens in der Forstwirtschaft verliehen.

Unimog 401 im Dienst der Brauerei, Baujahr 1955

Unimog mit Werner Schwachholz Rückezange

Unimog im Einsatz bei der Wildfütterung

Pflügen mit dem Unimog

Bodenschonende Saatbeetvorbereitung mit Gitterrädern

Unimog: Arbeit spart, wer mehrere Arbeitsgänge koppelt

Ein Arbeitsgang: säen, düngen und das Saatgut auf der Pritsche

Die Plakette in Form einer stilisierten Eichel ziert ab April 1954 die Beifahrerseite des Unimog-Fahrerhauses. In diesem Jahr erhält der Unimog abgeänderte Kotflügel: Die Ecken der vorderen und hinteren Schutzbleche werden abgerundet.

Die Frontpartie wird im Sommer 1955 verändert. Das offene Fahrerhaus erhält ein neues Kühlergitter und eine geänderte Motorhaube. Abschied genommen wird auch vom Ochsenkopf. Das letzte Symbol der Boehringer-Ära wird durch eine Mercedes-Plakette auf der Haube ersetzt.

Die Leistung des OM 636-Triebwerks wird 1956 von 25 auf 30 PS gesteigert. Mit der Anhebung der Motorleistung ändert sich auch das Baumuster. Der 401 wird durch den 411 abgelöst. Der neue „UNIMOG 30" ist vom Äußeren nur geringfügig verändert. Um die breitere Bereifung 7.50-18 verwenden zu können, wird das Radhaus der Vorderräder länger ausgebildet.

Auf Wunsch kann Abschied von unliebsamen Getriebegeräuschen beim Schalten genommen werden. Erstmals kann 1957 der Unimog mit voll synchronisiertem Getriebe geliefert werden. Zwei

Unimog mit vorne angebautem Hackgerät

Grünfutterernte mit Speiser-Häcksler

Unimog mit Class Junior-Automatic

Maisernte mit vorgebautem Häcksler und vergrößertem Ladebunker

Kartoffelernte mit Bergmann Kartoffel-Vollernter

Jahre später ist er der erste Ackerschlepper mit serienmäßigem Synchrongetriebe. Geändert wird die Verkaufsbezeichnung 1959: UNIMOG 32. Notwendig geworden ist diese Änderung durch die Erhöhung der Motorleistung von 30 auf 32 PS.

Grundlegende Veränderungen gibt es im Oktober 1961 mit der Vorstellung des 411a. Wuchtiger wirkt der Unimog durch die 10.00-18 Bereifung. Notwendig werden Änderungen bei den Kotflügeln: vorn und hinten sind Verbreiterungen aus Gummi vorgesehen. Neu ist die Stahl-Pritsche ebenso wie das Trägergestell (Spinne). Der pneumatische Kraftheber ist durch eine Hydraulikanlage ersetzt worden. Die Hydraulikpumpe ist am Luftpresser angeflanscht.

Der Unimog 411b kommt im März 1963. Die Änderung des Baumusters wird durch die neuen, aus zwei Hälften zusammengeschraubten Achsen notwendig. Die Bezeichnung ändert sich letztmalig im April 1964. Die Anhebung der Motorleistung auf 34 PS und ein verstärkter Fahrzeugrahmen sind die Hauptmerkmale des 411c.

Mähen mit dem Seitenmähwerk

Der letzte Unimog des Baumusters 411 verlässt im Oktober 1974 das Werk in Gaggenau. Insgesamt sind 56 431 Unimog mit dem Motor OM 636 produziert worden. Von dem Baumuster 70200 sind es 600 Exemplare. Nach dem Umzug der Produktion nach Gaggenau sind es 4 804 Exemplare des 2010. Von dem BM 401 sind es 10 928 Einheiten und 518 des BM 402. Vom letzten BM 411 sind es 39 581 Fahrzeuge, die in Gaggenau gefertigt worden sind.

Unimog mit Komplettausstattung: Frontlader, Seitenmähwerk, Beetpflug

Unimog 411 beim Pflügen mit einem Zweischar-Pflug

Unimog im Weinberg

Unimog – mehr Ladekapazität bei der Traubenernte

Unimog bei der Straßenunterhaltung

Schmidt Böschungsmäher mit 2-Mann-Bedienung

Unimog 411 mit Schmidt-Kehrmaschine in Transportstellung...

...und im Einsatz

Einsatz im Straßenbau mit Planierschild und Plattenverdichter

Unimog mit Erdlochbohrer und Demag-Anbaubagger

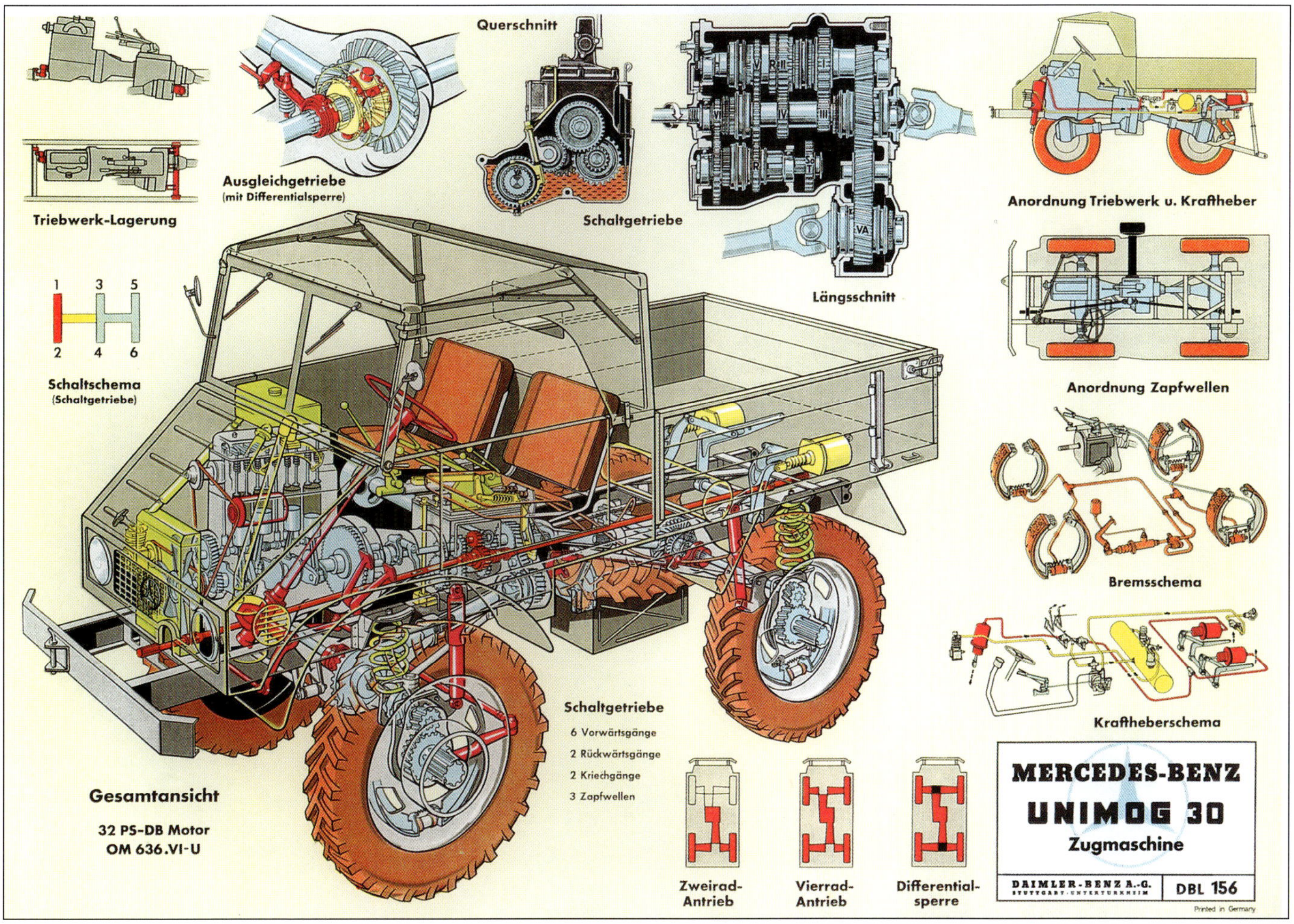

Unimog 411, Baujahr 1957

Unimog im Bergwerkseinsatz. Unten: Unimog-Triebkopf mit Ruthmann-Hubwagen

Unimog mit Kipper, unten: 411, keine Passöffnung ohne Unimog

Unimog 411 mit Palfinger Ladekran

1959: Terrareifen (18-20) in der Erprobung bei Continental

Unimog-Ausstellung mit Geräteherstellern 1963

Unimog 411 mit Atlas-Lader und Howardstreuer 1963

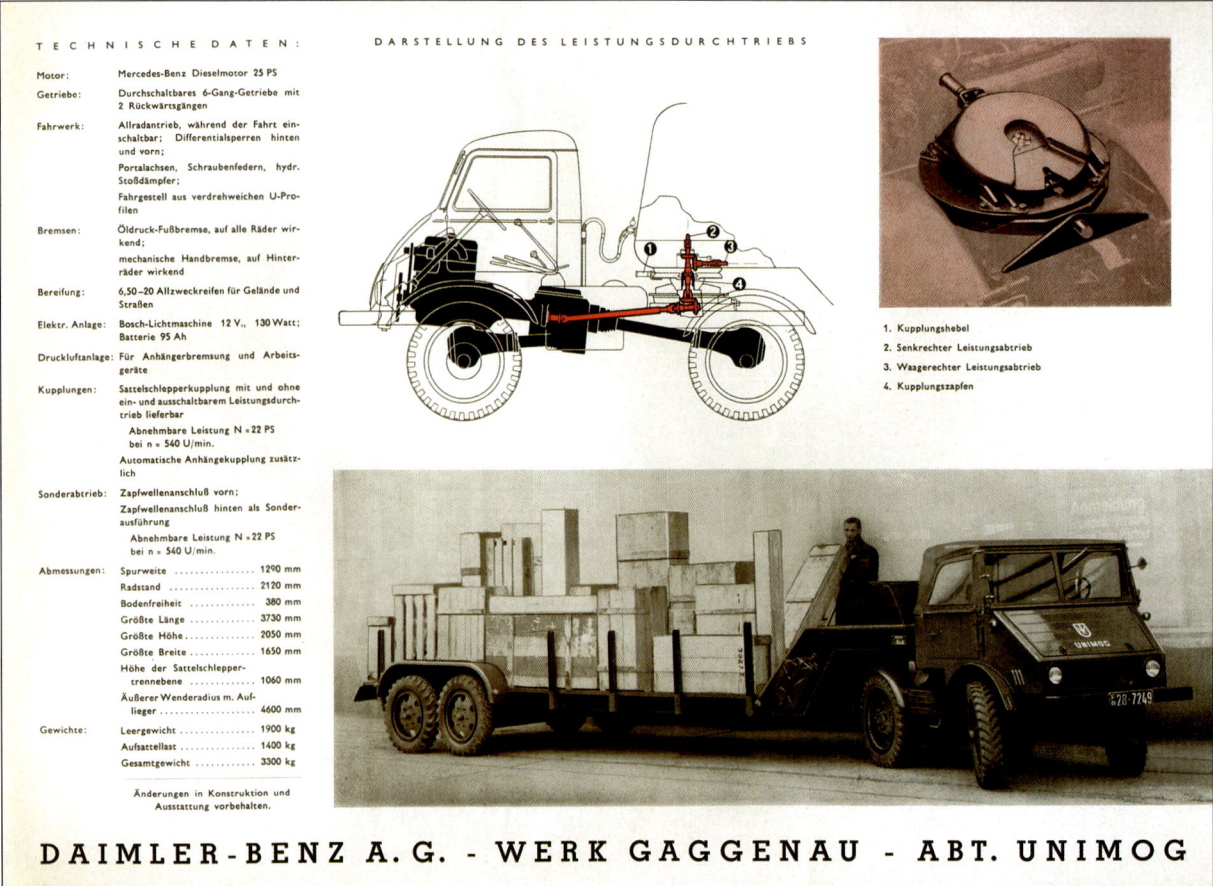

Prospekt von 1952 – Fahrerhaus „B" noch als Prototyp

Westfalia-Fahrerhäuser für den Unimog

**Baumuster 401-402-404-411
1950-1979**

Wiedenbrück, zu Beginn der dreißiger Jahre: Auf dem sonntäglichen Mittagstisch der Familie Franz Knöbel sen. stehen gebratene Hähnchen. Der Sohn Franz hält einen Geflügelschenkel in der Hand und bewegt spielerisch zwei Knochenteile in der Gelenkpfanne. Plötzlich kommt ihm eine Idee: Ähnlich leicht beweglich müsste die Verbindung zwischen Pkw und Anhänger herzustellen sein.

Der Junior betreibt gemeinsam mit seinem Vater und zwei Brüdern die Fahrzeugfabrik Westfalia, Franz Knöbel & Söhne OHG. Schon mehr als vier Jahrhunderte sind die Knöbels im westfälischen Wiedenbrück ansässig, als Johann Bernhard Knöbel am 1. Oktober 1844 eine Schmiede eröffnet. Ackerwagen werden gebaut und 1876 ist die erste Kutsche fertig gestellt. Nach dem Ersten Weltkrieg wird der Betrieb erweitert. Bereits im Jahre 1920 fertigen 30 Mitarbeiter wöchentlich mehr als 25 Kutschen.

Die Stadt Wiedenbrück findet 1928 erstmals ihren Namen auf dem Typenschild eines Automobils wieder: in Handarbeit gefertigte Kombiaufbauten für den Citroen B 14 G werden bei Westfalia produziert. Eine gewisse Behäbigkeit bestimmt das Aussehen. Die Fahrleistungen entsprechen dem hohen Eigengewicht und der schwachen Motorleistung. Trotzdem sagt man diesem Citroen die Eleganz eines westfälischen Großbauern nach – mit all seinen Tugenden und Schwächen.

Ende der zwanziger Jahre erlebt der Anhängerbau einen ungeahnten Aufschwung. Die Kugelkupplung kommt zur rechten Zeit: nach 1933 steigt die Motorisierung sprunghaft an. Pkw-Anhänger und Wohnwagen sind hoffähig geworden. Privatleute und Gewerbetreibende nutzen die Vorteile des Anhängers: Sonderaufbauten für Verkaufswagen, Pferde- und Viehtransport, aber auch für Beerdigungsunternehmen werden gefertigt.

Für das noch kleine Werk erweisen sich die Anhängerkupplung und der Pkw-Anhänger als „Markttrenner": am 5. Januar 1939 verlässt der 10 000ste Anhänger das schon vorhandene Fertigungsband und am 22. November 1939 ist die 50 000ste Anhängerkupplung gebaut.

Ein neues Werk entsteht 1942 in Wiedenbrück am „Sandberg" in unmittelbarer Nähe der Autobahn Oberhausen-Hannover. Mit der gestiegenen technischen Ausstattung können verstärkt Fahrgestell-Aufbauten für Nutzfahrzeuge produziert werden. Gefertigt werden auch Pkw-Spezialkarossen, Einachsanhänger und Lkw-Fahrerhäuser. In den Kriegsjahren verlässt der 25 000ste Anhänger das Werk. Es ist ein Krankentransportanhänger für das Deutsche Rote Kreuz.

Nach dem Krieg und der fast völligen Zerstörung des Werkes kann die Produktion in einem traditionellen Fertigungszweig rasch wieder anlaufen: der Anhängerbau beginnt schon wenige Monate nach Kriegsende.

Hans Knöbel, der Fertigungstechniker mit vielfältigen Ideen, verfolgt ein Ziel. Er möchte in einer breit gefächerten Produktionspalette möglichst wirtschaftlich fertigen. Für ihn steht die eigene Entwicklung und Herstellung der Produktionsmittel dabei im Vordergrund. Auch wenn bei einigen Projekten die Produktionsdauer kurz und die Stückzahlen gering sind, bleibt für ihn die Erfahrung ein wichtiges Ergebnis.

Hans Knöbel, der Initiator einer breiten Fertigungspalette, ist immer auf Verbesserungen bedacht. Zu seinen vielfältigen technischen Fähigkeiten zählt die geschickte Verarbeitung von Blech, für ihn

1951: Musteraufbau für den Bundesgrenzschutz

1952: Busauflieger für die Steinberger Alm

1951: Zweimal Prototyp – Fahrerhaus und Auflieger

ein wunderbarer Werkstoff, aus dem man alles machen kann. Nach seiner Auffassung wäre „Blech als großartige Erfindung gepriesen worden, wenn es als letztes nach allem anderen gekommen wäre". Trotz dieser Einstellung prüft und nutzt er andere Werkstoffe wie z. B. Polyester.

Die Gutbrod-Motorenbau GmbH in Plochingen/Neckar stellt im März 1950 ihren neuen Superior vor. Um einen Kombinationswagen aus diesem grundsoliden schwäbischen Produkt zu schaffen, wird es nach Westfalen verpflanzt. In Wiedenbrück schickt man sich an, einen Kombi daraus zu machen. Im Hinblick auf die vereinfachte Herstellung wählt man bei Westfalia einen Aufbau in Ponton-Form. Aus dem Auftrag zum Bau der Karosserie wird die fast vollständige Montage des Fahrzeuges.

Zu Beginn der fünfziger Jahre haben sich die Westfalia Werke, neben den traditionellen Fertigungszweigen, zu einem, wenn auch kleinen, Automobil-Montagewerk entwickelt. Zunehmend werden auch Karosserieteile aus eigener Produktion verwendet.

Eine Tiefziehpresse wird 1950 selbst gebaut, mit einer Tischgröße von 6000 x 2500 mm und einem Druck von 1200 t. Schrittweise hält jetzt die Blechverformung ihren Einzug in Wiedenbrück. Der Werkstoff Holz wird kaum noch verwendet. Immer mehr „Blechanhänger" für die verschiedensten Einsatzzwecke werden gefertigt. Man sieht sich gerüstet, um größere Aufgaben übernehmen zu können. Nach Gutbrod ist man auf der Suche nach einem weiteren Partner.

Ein 8,5 m langer Wohnwagenprototyp wird 1951 auf der Frankfurter IAA ausgestellt. Anders als der vorgestellte Leichtbau-Wohnwagen geht dieser Prototyp nicht in Serie. Zu Erprobungszwecken wird ein Unimog als Zugfahrzeug gewählt. Mit der Zugleistung ist das Universal-Genie unterfordert – aber noch ist der Unimog kein Spaßmobil. Salonfähig wird er erst 1994 als Funmog.

Erste Kontakte sind nach Gaggenau geknüpft. Gemeinsam entwickelt man für den neu gegründeten Bundesgrenzschutz einen Musteraufbau auf der Basis des 2010. Mit Hilfe eines in Wiedenbrück gefertigten Ganzstahlaufbaus will man den Unimog zum geländegängigen Mannschaftstransporter umfunktionieren. Die

1951: Prototyp des Fahrerhauses „B"

Montage des Fahrerhauses Typ B in Wiedenbrück, 1953

Rohbau-Band bei Westfalia, 1953

Endmontage des Unimog Fahrerhauses Typ B, 1953

Einkäufer des Bundes geben einer preiswerteren Variante den Vorzug. Die zukünftigen Grenzschützer werden mit dem Lizenzbau des Land-Rover aus dem Tempo-Werk von Vidal & Söhne in Hamburg ausgestattet. Der Prototyp wird in Gaggenau als mobile Werkstatt genutzt.

Neue Märkte will man mit einer Sattelschleppervariante des Unimog zu Beginn der fünfziger Jahre erobern. Als erstes Musterexemplar fertigen die Westfalia Werker 1951 für die Steinberger Alm einen Aufbau der besonderen Art: einen zweiachsigen Busauflieger, gezogen von einem Unimog-Sattelschlepper. Mit dem Gespann sollen die Gäste komfortabel und sicher die Alm in der Höhe von 1100 Meter erreichen.

Von einer anderen Variante verspricht man sich größere Stückzahlen. Ein tiefergelegter zweiachsiger Plateauauflieger für den Transport von Gütern aller Art. Die Erwartungen an den Markt trügen – nur ein Exemplar wird gefertigt.

Obwohl für die Land- und Forstwirtschaft konzipiert, will man weitere Wirtschaftszweige für den Unimog erschließen: Kommunen, Industriebetriebe und die Baubranche sind im Visier der Gaggenauer Verkaufsorganisation. Neben den bekannten Vorzügen fehlt es dem Unimog an Komfort. Dies erhofft man mit Hilfe eines festen Fahrerhauses zu erreichen.

Für die Land- und Forstwirtschaft ist das offene Fahrerhaus mit dem Faltverdeck zu dieser Zeit eine Errungenschaft. Im Winterdienst der Kommune sollte der Fahrer aber vor den widrigen Witterungseinflüssen ausreichend geschützt sein.

Die Lösung für dieses Problem nimmt 1952 auf den Reißbrettern in Wiedenbrück Gestalt an: ein geschlossenes Fahrerhaus für den Unimog. Die ersten Vorserienmodelle im Herbst 1952 haben noch eine ovale Öffnung in der Motorhaube und zum Teil einen überdimensionierten Ochsenkopf auf dem Ziergitter.

Eine geteilte Frontscheibe kennzeichnet das Fahrerhaus bei Produktionsbeginn 1953 mit der internen Typenbezeichnung „B". Ähnlich wie bei Boehringer erfolgt die Fertigung der Kabine in Wiedenbrück auf eigens gefertigten Montageblöcken. Zu jedem Produktionsschritt wird das Fahrerhaus auf den fahrbaren Blöcken gefahren. Auf einem großen Montageband erfolgt nach dem Auftragen des Feinspach-

Zum Transport nach Gaggenau bereit, 1953

401 als Sattelschlepper bei der KLM im Einsatz

Zugmaschine vor dem Werk in Gaggenau

Selten: Unimog als Tankwagen

Unimog 401 mit Kranauflieger

48 Unimog & MB trac

tels die Lackierung. Letzte Produktionsstation: der Einbau von Türen und Fenstern. Nun kann das Haus nach Gaggenau geliefert werden.

Die gute Zusammenarbeit bringt 1956 ein weiteres Baumuster: den Unimog „S". Ein kleiner Teil der Bundeswehrfahrzeuge, aber auch andere Auftraggeber wünschen ein geschlossenes Fahrerhaus. Wieder sind die Gebr. Knöbel gefragt. Die Freiheiten bei der Gestaltung der Kabine sind jedoch eingeschränkt. Eine Vorgabe der Bundeswehr gilt es einzuhalten: soviel Teile wie eben möglich sind vom vorhandenen Fahrerhaus zu verwenden. Den gesonderten Ersatzteilbestand für die geschlossene Variante will man so niedrig wie möglich halten.

Das Ergebnis wird als „Musteraufbau" noch 1956 präsentiert. Ähnlich dem geschlossenen Aufbau des 2010, verfügt auch die Kabine des BM 404 über eine geteilte Frontscheibe. Die engen Grenzen erlauben keine gravierende Abweichung vom Design der offenen Variante. Lediglich die Türen sind mit Ganzstahlrahmen und Kurbelfenster ausgestattet. Eine Besonderheit ist der Ausguck für den Beifahrer. Die Ausführungen der Bundeswehr, Feuerwehr und des Zivilschutzes haben die Dachluke als Zusatzeinrichtung. Von einem Feuerwehrmann stammt die Behauptung, dass der Ausguck eigentlich für den Fahrer bestimmt sei, der bei Fahrten mit Blaulicht über sich hinauswächst.

Für den Unimog „S" werden die geschlossenen Fahrerhäuser von 1956 bis 1965 in Wiedenbrück gefertigt. In den neun Jahren sind es 3 850 Kabinen, die bei Westfalia die Werkstore verlassen.

Aus dem Unimog 401 wird im August 1956 mit der Anhebung der Motorleistung das Baumuster 411. Trotz modifizierter Baureihe wird in Wiedenbrück bis 1958 die Kabine des Typs „B" produziert. In der Zeit von 1953 bis 1958 verlassen 4 923 Fahrerhäuser Westfalen in Richtung Gaggenau.

Erst ein Jahr nach Produktionsanlauf des 411 wird ein gründlich überarbeitetes Ganzstahlfahrerhaus 1957 vorgestellt. Das neue Fahrerhaus mit der Bezeichnung DvF (vF = verbreitertes Fahrerhaus) fällt durch sein eigenständiges Design auf. Erstmals ist eine Kabine vom Unimog breiter als die Pritsche. Der Zugewinn ist deutlich im Innern zu spüren. Mehr Kopf- und Seiten-

Musteraufbau für den Unimog S, 1956

Unimog 411 mit Westfalia-Haus „DvF", 1958

freiheit für beide Passagiere. Eine zusätzliche Ablage ist vor der großzügigen, durchgehenden Frontscheibe geschaffen. Schon der Einstieg durch die vergrößerten Türen ist bequemer als bei der ersten Ausführung. Ein Auszug aus dem Prospekt von 1958:

„Das neue geschlossene Fahrerhaus bietet ein Drittel mehr Raum als bisher. Fahrer und Beifahrer haben nach allen Seiten gute Bewegungsfreiheit. Die verbreiterte Tür, die neue Trittstufe in richtiger Höhe und zwei Handgriffe auf jeder Seite machen das Einsteigen bequem. Die ungeteilte, gewölbte um zwölf Prozent größere Frontscheibe bietet vorzügliche Übersicht."

Beachtenswert unter welchen Gesichtspunkten das neue Fahrerhaus entwickelt worden ist: „Das Ganzstahlfahrerhaus mit seinen gefederten und gepolsterten Sitzen ist aus glatten Blechen zusammengesetzt und somit leicht zu reparieren."

Wiedenbrück 1959: Feinspachtel vor der Lackierung

Die Fertigung der „DvF"-Kabine beginnt 1958. Gegenüber der „B"-Kabine bleibt das Fertigungsschema erhalten.

Das neue Fahrerhaus wird vornehmlich von Kommunen und Industriebetrieben geordert. Vereinzelt findet man das Ganzstahlfahrerhaus auch im landwirtschaftlichen Einsatz.

Im Innern ist das Platzangebot gegenüber dem offenen Haus großzügiger. Ein Gebläse soll kühle aber auch warme Luft erzeugen. Trotzdem hat das geschlossene Haus einen entscheidenden Nachteil: durch die weit in die Kabine ragende Motorabdeckung wird die Luft im Innern ständig erwärmt. Während bei dem offenen Haus der Luftaustausch gesichert ist, erwärmt sich der Innenraum in der geschlossenen Kabine. Weder geöffnete Seitenscheiben, Gebläseunterstützung noch „Rheumaklappen" können für einen ausreichenden Lufttausch sorgen. Was im Winter für wohlige Wärme sorgt, treibt im Sommer die Schweißperlen nicht nur auf die Stirn.

Ein Jubiläum wird 1960 gefeiert. Das 10 000ste Unimog-Fahrerhaus ist fertig gestellt. Kein Grund zum Jubeln: für die in der Planung befindlichen Baureihen 406, 403 und 421 wird die neue Kabine nicht von Westfalia produziert werden. In Gaggenau will man die externe Fertigung von Ganzstahlfahrerhäusern beenden.

Das letzte Fahrerhaus des Unimog 411 verlässt 1978 Wiedenbrück in Richtung Gaggenau. Mit 12 569 Kabinen des Typs „DvF" ist es das letzte und erfolgreichste Fahrerhaus für den Unimog, das in Wiedenbrück gefertigt ist.

Die Ersatzteilversorgung für das „DvF"-Haus hält man noch bis 1984 aufrecht. Zu Jahresbeginn 1985 wird die Lieferung eingestellt und der Restbestand vernichtet. Schlecht für die Besitzer. Bei den Blechteilen kann ein begnadeter Blechschlosser schon einiges richten. Langer Atem ist gefordert, wenn spezielle Teile benötigt werden.

Ein weiterer, wenig bekannter Versuch, den Unimog-Fahrer vor der Witterung zu schützen, wird 1964 unternommen. Man entwickelt ein GFK-Hardtop, um dem Fahrer des 411 einen besonderen Komfort zu bieten: ein Flattern der Plane entfällt und es gibt freie Sicht durch Echtglas und Schiebefenster statt der seitlichen Kunststoffscheibe. Von großen Stückzahlen dieser Zusatzausrüstung wird nicht gesprochen.

Das Unternehmen konzentriert sich in den sechziger Jahren verstärkt auf den Bau von Anhängerkupplungen, Pkw-Anhängern und den Ausbau von Wohnmobilen. Bevorzugt werden Transporter von Mercedes und VW ausgebaut. Die Produktpalette wird kontinuierlich weiterentwickelt. Innovative Produkte wie die Aluminiumkupplung gehen 1995 in Serie.

Als das Unternehmen 1999 in wirtschaftliche Schwierigkeiten gerät, beteiligt sich die DaimlerChrysler AG mit 49 Prozent am Fahrzeugausbaugeschäft der Westfalia Werke GmbH & Co und kann so Arbeitsplätze in der Region Rheda-Wiedenbrück sichern.

Komplett montiertes DvF-Haus

Lagerung von DvF-Häusern

Das 10.000ste Fahrerhaus für den Unimog, 1960

1964: Hardtop für den 411

1964: GFK statt Planenstoff

U 30 mit Vorbaukompressor (oben). Rechts ist die Innenansicht des Hardtop-Aufbaus zu sehen

U 32 mit Vorbaupumpe

411 im Kommunaldienst

Kanalreinigung mit Spülaufbau und Tankanhänger

Drei Anbauräume genutzt: Frontlader, Heckkehrmaschine, Tankaufbau

Der Staplermast war ein begehrtes Gerät in den sechziger Jahren

Baustelleneinsatz mit Anbaubagger

U 32 mit Schmidt-Anbauplatte

411 Triebkopf mit Ruthmann Niederflurhubwagen

411 Triebkopf mit Eylert-Hubwagen

U 34 Triebkopf mit Schörling-Kehrmaschine

U 34 mit Steiger-Aufbau und Frontlader

Inserat 1964

Unimog „S" und „SH"

**Baumuster 404
1955-1980**

Der Unimog „S" ist das erfolgreichste Baumuster, betrachtet man die Produktionszahlen. Insgesamt verlassen 64 242 Einheiten des „S" die Werkstore in Gaggenau. Im Gegensatz zu anderen Baureihen gibt es während der gesamten Produktionszeit kaum nennenswerte Modelländerungen. Der Grund ist die deutsche Bundeswehr. Als Abnehmer von über 36 000 Fahrzeugen weigert sich der Hauptkunde standhaft, Verbesserungen zur Kenntnis zu nehmen. Zwecks einheitlicher Ersatzteilversorgung besteht man hartnäckig darauf, dass der Unimog „S" bis zum Schluss der Lieferung im Jahr 1972 genauso ausgeliefert wird wie im Jahr 1955.

Die Entwicklung des Unimog „S" ist eng verbunden mit der Gründung der Bundeswehr. Während die Bevölkerung über die Wiederbewaffnung Anfang der fünfziger Jahre geteilter Meinung ist, sieht die deutsche Industrie die Entwicklung in der Regierung Adenauer optimistisch.

Die mit der Vorbereitung befasste Dienststelle ist das „Amt Blank". Der Bundestagsabgeordnete Theodor Blank hat 1952 die Aufgabe bekommen, die militärische Wiederbewaffnung zu koordinieren. Später, 1955, wird er zum ersten Verteidigungsminister der Bundesrepublik ernannt.

Die Grundausstattung an gepanzerten Fahrzeugen, Geschützen usw. ordert das „Amt Blank" aus Zeitmangel bei den Nato-Partnern. Die Räderfahrzeuge aber sollen bei den inländischen Fahrzeugherstellern eingekauft werden. Der Bedarf wird auf etwa 100 000 Räderfahrzeuge geschätzt, der Kostenaufwand auf rund 1,5 Milliarden DM.

Wichtig bei der Auftragsvergabe an die Fahrzeugindustrie ist der umgehende Lieferbeginn. Außerdem wünscht man die Seriennähe der Lastwagen, um sich auf zivile Reparatur- und Ersatzteilorganisation der Industrie stützen zu können. Eine Aufteilung der Aufträge der verschiedenen Lkw-Kategorien ist nach der Ansicht des „Amt Blank" notwendig. Einig sind sich Auftraggeber und Hersteller, dass keiner zu dieser Zeit Kapazitätsreserven hat, um die geforderten Stückzahlen zu liefern.

Daimler-Benz erhält den Zuschlag für den „Lkw 1,5 t". Die Vorgaben und der enge Zeitrahmen lassen eine völlig neue Sonderkonstruktion nicht zu. Eine Ablei-

Fahrgestell des Unimog „S"

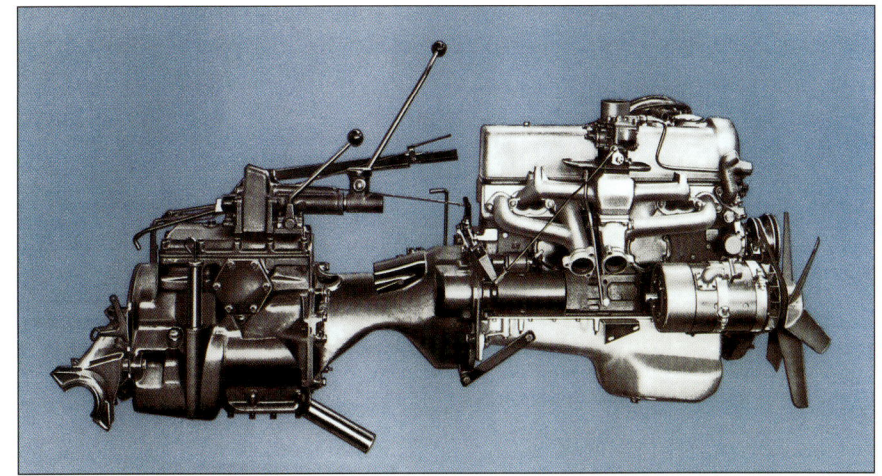

Motor und Getriebe des Unimog „S"

Prototyp des Unimog „S"

Unimog „S" als Militärvariante

tung von einem handelsüblichen Serienmodell bietet sich an, gibt es doch den „Mercedes unter den Geräteträgern" (so die aktuelle Werbung), der als Zugmaschine fast überall durchkommt. Der Unimog fiel den Militärs schon in seinen frühen Anfängen auf. Neben der Lieferung von 250 Exemplaren an die Schweiz 1951 hat auch die französische Armee ein Jahr später 400 Unimog mit 25 PS geordert.

In Gaggenau wird der Entschluss gefasst, den neu zu entwickelnden Gelände-Lastwagen auf der Basis des Unimog entstehen zu lassen. Die Wandlung von der Zugmaschine zum Lastwagen erreicht man durch eine Verlängerung des Rahmens. Die geforderte Zuladung von 1,5 t lässt der längere Unimog-Rahmen zu.

Als Triebwerk reicht der OM 636-Diesel mit 25 PS Leistung nicht aus. Um die geforderte Endgeschwindigkeit von 80 km/h zu erreichen, fällt die Wahl auf einen Vergasermotor. Selbst bei den US-Streitkräften dominiert der Benzinmotor bei schweren Fahrzeugen. Für das leichte deutsche Militärfahrzeug kommt zunächst ein kurzhubiger Vier-Zylinder-Benzinmotor zum Einsatz. Den gewünschten Erfolg kann das ursprünglich für den Pkw 190 SL konzipierte Triebwerk nicht bringen. Die Wahl fällt auf den Reihensechszylinder M 180 mit 2,2-Liter-Hubraum. Der Benziner aus dem Pkw 220 S wird für den Unimog „S" auf 80 PS gedrosselt.

Zum Bau der ersten Prototypen können Getriebe, Achsen und Federung aus dem bestehenden Unimog-Programm übernommen werden. Der Reihensechszylinder hat einen größeren Platzbedarf und so kann das Fahrerhaus des 401 nur bedingt verwendet werden. Eine Erhöhung der Front und eine verlängerte Motorhaube sind notwendig.

Die ersten Versuchsfahrzeuge des neuen Baumusters 404 sind mit dem Radstand von 2 350 mm noch recht kurz. So lässt die äußere Form noch eine Verwandtschaft zum 401 erkennen, obwohl der Unimog „S" in den Abmessungen schon deutlich größer ist.

Umfangreiche Erprobungen werden mit den Prototypen durchgeführt. Die Einsatzfähigkeit muss auch bei unterschiedlichen klimatischen Bedingungen gewährleistet werden. Testläufe in Wärme- und Kältekammern, aber auch Fahrversuche in der Sahara werden unternommen. Mit den

Probefahrt mit dem Unimog „S"

Versuchsfahrzeugen werden zudem mehr als 45 000 km in schwierigstem Gelände bewältigt.

Der erste Unimog „S" läuft im Mai 1955 in Gaggenau vom Band. Noch mit einer überarbeiteten Version der kantigen Kabine werden die ersten Serienfahrzeuge des Baumuster 404 ausgeliefert. Erst Ende Mai 1955 kommt das markante Fahrerhaus, verbunden mit dem Radstand von 2670 mm, als Pritschenwagen und Chassis zur Bestückung mit Sonderaufbauten zur Auslieferung.

Mit einer geringfügig modifizierten Motorhaube und einem Radstand von 2 900 mm werden ab 1956 die Unimog „S" an die Bundeswehr ausgeliefert. Der Beschaffungspreis ohne Sonderausrüstung beträgt etwa DM 18 000,- in der Grundausführung.

Lieferbar ist der Unimog „S" ab Werk mit dem normalen zweisitzigen Fahrerhaus in offener oder geschlossener Bauweise. Auch ohne Fahrerhaus oder nur mit Frontpartie und Tür kann das Fahrzeug bestellt werden. Diese Varianten sind bei den Aufbauherstellern der Feuerwehr besonders beliebt.

Mit einem Beschaffungspreis (ohne Sonderausrüstung) von DM 18 000,- wird der „1,5 t gl. Lkw", so die offizielle Bezeichnung der Bundeswehr, ausgeliefert. Überwiegend sind Pritschen- und Kofferaufbauten geordert. Eingesetzt sind sie als Mannschafts- und Materialtransporter, Kranken-, Nachrichten-, Wartungs- und Instandsetzungswagen, als Lkw für Luftlandeoperationen und als Fahrschulwagen. In dieser speziellen Version ist er mit einer Doppelkabine ausgestattet. Zu Übungszwecken sind von 1956 bis 1960 Panzerattrappen auf der Basis des Unimog „S" von Kässbohrer gefertigt worden.

Größere Stückzahlen ordert der Bund für den zivilen Feuer- und Katastrophenschutz. Die Besatzungen der Zivilschutz-Einrichtungen versehen ihren Dienst überwiegend in einem geschlossenen Ganzstahlfahrerhaus. Sind Fahrerhaus und Aufbau getrennt, ist die Ganzstahl-Kabine in

Unimog 404 im Einsatz der Bundeswehr

Unimog 404 Pritschenfahrzeug für die Armee

Musteraufbau des Typs „S" für die Bundeswehr, 1956

Wiedenbrück gefertigt worden. Von 1956 bis 1965 haben 3 850 Fahrerhäuser für den Unimog „S" das Westfalia-Werk in Wiedenbrück verlassen.

Der bewährten Unimog-Konzeption verdankt der Typ „S" seine außergewöhnliche Geländegängigkeit. Hindernisse wie Felsbrocken, die mit herkömmlichen Geländewagen umfahren werden müssen, kann ein Unimog-Fahrer sicher überfahren. Die enorme Boden- und Bauchfreiheit lässt dies zu. Für 400 mm Luft unter den Achsen sorgen zum einen 20-Zoll-Reifen, zum anderen die Portal-Bauweise der Starrachsen.

Dank seiner extrem guten Verschränkung kommt der Unimog auch in tiefen Gräben und auf hohen Buckeln nicht ins Stocken. Das Geheimnis der enormen Verschränkungsfähigkeit sind zum einen die langen Federwege seiner mit Schraubenfedern versehenen Starrachsen, zum anderen die gewollte Flexibilität seines Stahlträgerrahmens.

Wenn ein extrem tiefer Graben sogar diese Verschränkung überfordert und selbst bei einem Unimog mal ein Vorder- und ein Hinterrad durchdrehen, zieht man den Allrad-Hebel noch eine Stufe weiter, um beide Achsdifferentiale zu sperren. Der Unimog zieht sich dann unaufhaltsam vorwärts, selbst wenn nur noch ein Rad griffigen Untergrund vorfindet.

Durch die Konzentration schwerer Baugruppen in Rahmenhöhe bleibt er auf den Rädern, auch wenn sich der Aufbau in schnell gefahrenen Kurven beträchtlich zur Seite neigt, der Kippwinkel wird erst bei 42 Grad erreicht. Steigungen bis zu 70 Prozent sind selbst mit voller Zuladung kein Hindernis.

Im Gegensatz zu den Fahrleistungen stehen die Errungenschaften hinsichtlich Fahrkomfort und körpergerechter Innenraumgestaltung. Die zweiköpfige Besatzung der Militärversion erfreut sich in der Regel der offenen Kabine mit Planenverdeck. Zwischen den Sitzen ist die wuchtige Motorabdeckung und die Schalthebelkonsole. Viele Soldaten bemängeln die „drangvoll-fürchterliche Enge" im Unimog-Fahrerhaus. Immerhin, man hat ein Dach über dem Kopf und nicht nur im Winter ist es gemütlich warm. Ob das alle versöhnt, die nicht so recht wissen, wo sie mit den langen Beinen hin sollen, ist nicht bekannt.

Blick in die Fertigung, 1957

Unimog 404 Feuerlöschfahrzeug LF8-TS mit Vorbaupumpe

Funkkraftwagen des Bundesgrenzschutzes

Unimog 404 als TLF 8 LS, Aufbau von Ziegler

Tanklöschfahrzeug 8 im Einsatz

Weitere Kritikpunkte sind der zu hohe Schalthebel und der bei längeren Fahrten unerträgliche Aufenthalt im Fahrerhaus. Die fehlende Isolierung der Motorabdeckung führt zu einem enormen Hitzestau in der engen Kabine.

Der Unimog „S" ist auf allen Kontinenten dieser Erde zu finden. In der Minderheit sind die zivilen Ausführungen des Baumusters 404. Kaum ein Krisengebiet, in dem kein Unimog „S" im Einsatz ist. Zeigt sich hier der Nutzen der umfangreichen Erprobungen und Vergleichstests die vor der Order der Militärs durchgeführt werden?

Die besondere Härte dieser Tests zeigt im Frühjahr 1962 die französische Armee. Im Rahmen einer Vergleichserprobung absolviert der Unimog „S" in Carpiane und Satory eine gemischte Fahrstrecke von rund 10 000 km. Nach Aussagen der französischen Erprobungsstelle ist die Beanspruchung von 100 Stunden Fahrerprobung in Carpiane gleichzusetzen mit rund 30 000 km Saharafahrt. Mit zur Erprobung zählt auch eine Schlammfahrt von über 300 km in Satory. Hier zeigt sich die Qualität. Ist ein Unimog geschaffen, um durchschnittlich 30 Jahre lang täglich harte Arbeit auszuhalten?

Nach Beendigung des Bundeswehrauftrages wird der Unimog „S" 1972 mit der Baumusterbezeichnung 404.0 vorgestellt. Äußerlich erkennbar ist die geräumigere und bequemere Kabine der Baureihen 406/416. Außer der Version U 82/404.0 mit der bekannten 82-PS-Maschine gibt es mit dem U 110/404.0 ein leistungsstärkeres Modell. Der 110-PS-Benzinmotor beschleunigt den beladenen und ausgerüsteten Unimog in 35 Sekunden von 0 auf 100 km/h. Die erreichbare Höchstgeschwindigkeit liegt bei 110 km/h.

Weniger erfolgreich ist das Baumuster auf dem zivilen Sektor. Expeditions- und ähnliche Spezialfahrzeuge bringen keine üppigen Stückzahlen. Ein Lkw mit Benzinmotor kann sich im zivilen Bereich nicht durchsetzen.

Wer in abgelegenen Regionen wandern, Ski fahren, bergsteigen oder angeln will, beschafft sich einen ausgedienten Unimog „S" der Bundeswehr und baut ihn zum Wohnmobil um. So entwickelt er sich in zweiter Hand zu einem Kultauto; gilt er doch als perfekter Begleiter, wenn einen Abenteuerlust und Fernweh packen.

Unimog „S" als TLF 8 LS im Mai 1956, Aufbau Metz

Unimog „S" als SLF 8 in Finnland im September 1956, Aufbau Metz

TLF 8 als Waldbrandfahrzeug in Frankreich, August 1957, Aufbau Metz

1965: Zivile Version des Unimog „S"

Unimog „S" mit Vorbau-Seilwinde

Unimog „S" mit
14 Festmeter Tanne

Unimog „S" für den Einsatz
in der Wüste optimiert

Unimog & MB trac **67**

1965: Unimog „S" als Werkstattwagen

Unimog „S" als Übertragungswagen.
Unten: Unimog „S" mit Doppelkabine als Werkstattwagen

Unimog „S" als Bierkutsche nur ein Einzelstück

Unimog „S" beim Europa-Truck-Trial

Unimog „S" als Panzerattrappe

Unimog „S" BM 404.0 mit der Kabine des BM 406/416 (oben)

Baumuster 404 .0 als FLF 600 von Metz in Tunis

Unimog „SH", Baumuster 405
1958-1962

Die militärische Laufbahn des Unimog lässt 1958 ein weiteres Baumuster entstehen. Die Flug- und Fahrzeugwerke Altenrhein/Schweiz erstellen Anfang 1952 einen gepanzerten Aufbau für den U 25. Auftraggeber für das Unikat ist Hispano Suzia. Diese Entwicklung dient 1958 als Anregung für den Bau des Unimog "SH". Einen Heckmotorantrieb erreicht man durch Vertauschen der Achsen. Der Fahrer hat seinen Platz in einer Mulde zwischen den Rädern.

Nur wenig Erfolg ist dem Baumuster beschert: zwischen 1958 und 1969 verlassen 15 Exemplare die Gaggenauer Werkshallen. Weiterentwickelt wird der "SH" nochmals 1962. Unter der Bezeichnung "T" hat das Fahrzeug einen vergrößerten Innenraum. Diese Ausführung bringt es nur auf bescheidene sechs Exemplare.

Prototyp des Baumusters 405

Präsentation der Unimog-Baureihe 406

Unimog in neuer Leistungs-Klasse

**Baumuster 406-403-421-416-413
1963-1988**

Die erste Motorisierungswelle der deutschen Landwirtschaft ist gegen Ende der fünfziger Jahre beendet. Zu Beginn der sechziger Jahre stagniert der Schlepperabsatz zunächst. Eine neue Entwicklung zeichnet sich ab. Die Entwicklung zum Ein-Mann-Betrieb mit einem wachsenden Maschineneinsatz fordert den Bedarf an mehr PS.

Der Landwirtschaft wird eine Zukunft als „Ein-Mann-Betrieb" vorausgesagt. Die Zeitschrift „Landtechnik" ist sich 1962 sicher, dass es in zehn Jahren darüber keine Diskussionen mehr geben wird: „…weil nur noch ‚Herr Einmann' allein auf seinem Schlepper fährt." Dem Bauern, der das nicht einsehen will, prophezeit man, dass er schon jetzt keine Frau mehr bekommt: „…wenn er sie hinter dem Pflug herlaufen lassen will, und in 10 Jahren sind seine Kinder vom Hof gegangen."

Starke Zugschlepper werden für größere Betriebe gefordert. Der Einsatz von Vollerntemaschinen, gezogenen Mähdreschern und die Bodenbearbeitung in größerer Arbeitsbreite erfordern stärkere Schlepper. Ausreichend sind zu dieser Zeit 25 bis 35 PS, denn ein Schlepper mit mehr als 60 PS ist „weniger für die deutsche Landwirtschaft, um so mehr aber für den Export interessant".

Die Notwendigkeit eines großen Unimog besteht nicht nur für Landwirte. Auch im Baugewerbe besteht zu dieser Zeit die Tendenz zur Anschaffung größerer Geräte, für die der Unimog 411 zu schwach und zu schmalbrüstig erscheint.

Genügend Gründe für Daimler-Benz zur Entwicklung eines neuen Unimog mit der doppelten Leistung des Kleinen. Wenn der neue Unimog der Baureihe 406 auch in den Dimensionen größer ist, so ist die Konstruktion in ihrer Anlage von dem Baumuster 411 übernommen worden. Nach dem Motto: das bewährte Alte beibehalten und an dem Bauwerk der Tradition weiterarbeiten, verfügt der Unimog 406 als der große Bruder des Modells 411 über:

- Allradantrieb auf vier gleichgroßen Rädern
- Differentialsperre in Vorder- und Hinterachse
- Große Bodenfreiheit bei tiefer Schwerpunktlage
- Gefederte Vorder- und Hinterachse
- Getriebe- oder Motorzapfwelle hinten und vorn
- Ladefläche mit einer Transportkapazität von 1,5 t
- Möglichkeiten zum Geräteanbau an vier Aufbauräumen

Natürlich sind Fahrwerk, Achsen und Kraftübertragung auf die größeren Belastungen abgestimmt und stärker dimensioniert. Das, was den Unimog auszeichnet, findet man auch an der neuen Baureihe wieder.

Motor, Kupplung und Getriebe bilden auch im Baumuster 406 eine Antriebseinheit, an die sich in der Verlängerung nach hinten eine kurze Kardanwelle und die Hinterachse anschließen, während der Antrieb der Vorderachse durch einen Nebenantrieb des Getriebes erfolgt. Ein direkter Getriebe-Sonderantrieb dient auch als Kraftquelle für die vordere und hintere Zapfwelle, die über einen gemeinsamen Hebel vom Fahrersitz aus schaltbar ist.

Für verbesserte Fahreigenschaften sorgen nicht nur der längere Radstand und die größeren Radspuren. Den Hauptanteil hat das verwendete Triebwerk. Der Sechs-Zylinder-Diesel OM 312 im Unimog 406 erbringt 65 PS Leistung. Das Getriebe lässt Geschwindigkeitsbereiche von 4,4 bis 65 km/h optimal abstufen. Mit einem einge-

Baumuster 406 als Rückeschlepper

Der Traumwagen – Unimog 406 von 1966

bauten Vorschaltgetriebe sind sogar 30 m/h möglich.

Bei der Hydraulikanlage wählt man die so genannte aufgelöste Bauweise als Anordnung für das System. Die Zahnradölpumpe ist am Kompressor angeflanscht. Bei Fahrzeugen ohne Druckluftanlage dient das vereinfachte Kurbelgehäuse des Luftpressers als Lagerung der Keilriemenscheibe.

Das Fahrerhaus ist neu. Während für den 411 das kantige Design charakteristisch ist, weicht es bei dem Baumuster 406 einer runderen, gefälligeren Form. Gewählt werden kann zwischen zwei Fahrerhäusern in geschlossener oder offener Ausführung. Letztere wird in der Landwirtschaft bevorzugt. Das geschlossene Haus in Ganzstahlausführung wird erstmals nicht extern gefertigt.

Die Ausstattung des Fahrerhauses ist gegenüber dem 411 erfreulich bequem und die Anordnung der Bedienungseinrichtungen funktionell. Eine Nutzfahrzeugzeitschrift ist der Meinung, dass sich „der Einstieg mit dem eines Sportwagens vergleichen" lässt und fügt hinzu, dass „…für die beiden Einzelsitze das gleiche gilt." Der Fahrkomfort muss den Tester überzeugt haben, berichtet er doch, dass man „…mit lang ausgestreckten Beinen auch längere Zeiten fahren kann, ohne dass der Körper ermüdet."

Sein Debüt hat der große Unimog im Mai 1962 auf der DLG in München. In einem Bericht zur Münchener Ausstellung heißt es in der Zeitschrift „Landtechnik": „Als Kuriosum sei ein selbst fahrender Stallmiststreuer mit Allradantrieb erwähnt. Spezialmaschinen mit großer Zugkraft um jeden Preis können vielleicht noch in der Bauwirtschaft wegen ihres ständigen Einsatzes verkraftet werden, in der Landwirtschaft aber nicht. Für etwa den gleichen Preis ist der neue große Bruder des vielseitigen schnellfahrenden Pritschenschleppers Unimog zu haben, der für größere Betriebe mit Vollerntemaschinen und für die Forstwirtschaft interessant ist. Welche Vielfalt an Maschinen und Geräten zum An- und Aufbauen und Anhängen als Entwicklungsgefolge eines solchen neuen Universalschleppers entstehen, hat der kleine Unimog bisher gezeigt."

In Gaggenau beginnt die Serienfertigung des Baumusters 406 im Mai 1963. Das erste Modell ist der U 65. Erstmals verlässt in diesem Jahr nicht nur eine vollwertige komplette Vierrad-Einheit das Werk. Für Hersteller von Spezial-Aufbauten ist jetzt der Unimog-Triebkopf als U 34T oder U 65T lieferbar. Sie bestehen aus Motor, Getriebe, Vorderachse und Fahrerhaus. Der „Einachs-Unimog" wird vor Hubwagen, selbstfahrende Kehrmaschinen und ähnliche Fahrzeuge des gewerblichen oder kommunalen Bereichs vorgeschraubt – und fertig ist ein leistungsfähiges Gespann, diesmal allerdings abweichend vom Unimog-Prinzip, mit nur einer angetriebenen Achse.

Einen neuen Motor erhält der U 65 im Juni 1964, als er mit dem Direkteinspritzer OM 352 ausgestattet wird. Das Sechs-Zylinder-Triebwerk bleibt der Baureihe 406 bis zum Ende 1988 treu und leistet 1964 weiterhin 65 PS.

Die zunehmende Nutzung des Unimogs in allen Bereichen der Wirtschaft und in vielen Ländern der Welt führt zur Auffächerung der Typenpalette. Ein neuer Unimog wird im Juli 1965 vorgestellt: der U 80/416. Im Prinzip ist das Baumuster 416 eine verlängerte Version des U 65/406. Der Radstand des U 80 ist um 520 mm auf 2 900 mm gewachsen. Mit einer Ladefläche von 1950 x 1 890 mm ist ein Einsatz als geländegängiger Lastwagen oder Sattelzugmaschine möglich. Als Antriebsaggregat kommt beim U 80/416 auch der Sechs-Zylinder-Dieselmotor mit Direkteinspritzung vom Typ OM 352 zum Einsatz. Im Gegensatz zum U 65 hat man die Leistung beim U 80 auf 80 PS angehoben.

„Zwanzig Jahre Unimog" heißt es 1966 bei Daimler-Benz. Den Auftakt der Neuvorstellungen im Jubiläumsjahr macht im Januar der U 40 aus der Baureihe 421. Schon im April folgt das Baumuster 403 mit dem U 54.

Langholzabfuhr mit dem Unimog

Unimog 406 und 411 im Kommunaleinsatz

Den Tiger nicht nur im Tank: Baumuster 403

Baumuster 406 als Zugmaschine

Beliebte Rangierfahrzeuge: Unimog 406 und 2010

Unimog 406 mit Werner-Mast-Stellgerät im Einsatz

Mit den Neuvorstellungen ist ein Programm entstanden, dass jedem Verwendungszweck gerecht werden kann. Es besteht aus dem U 34/411 mit 34 PS in zwei Ausführungen, mit kurzem (1720 mm) und langem (2120 mm) Radstand, dem U 40/421 mit 40 PS, dem U 54/403 mit 54 PS, dem U 70/406 mit 70 PS, dem U 80/416 mit 80 PS und letztlich dem Unimog „S"/404 mit 82 PS.

Alle Typen sind nach dem seit 1946 unveränderten Unimog-Prinzip gebaut: Allradantrieb auf vier gleich große, gleichmäßig belastete Räder, Differentialsperre in beiden Portalachsen, gut abgestufter, weiter Geschwindigkeitsbereich (U 34/411 und U 40/421 53 km/Std., U 54/403 und U 70/406 65 km/Std., U 80/416 71,5 km/Std., Unimog „S"/404 95 km/Std.), abnehmbare Hilfsladefläche, die nach drei Seiten kippbar ist, vielseitige Hydraulik, Fahrerhaus mit Faltverdeck oder fest und Zapfwelle vorn und hinten.

Für die neuen Baumuster 403 und 421 sind zusätzlich umfangreiche Verbesserungen vorgenommen worden. Während das

Beliebt auf Baustellen: Unimog 406

Ideale Lademaschine U 65 mit Frontlader

Aufbaubagger von Klaus

Anbaubagger von Demag

Unimog & MB trac **79**

Grabenfräse und Gitterräder von Hoes

Kehrmaschine im Einsatz

Baumuster 403 weitestgehend auf dem 406 basiert und sich nur durch die Verwendung des Vier-Zylinder-Diesel OM 314 unterscheidet, ist der 421 in seinem äußeren Design eine Neuvorstellung. Angelehnt an die Form des Baumusters 403/406 ist das Fahrerhaus geringfügig kantiger gestaltet. Unter der Motorhaube versieht der Vier-Zylinder-Diesel OM 615 seinen Dienst. Der komplette Antriebsstrang (Achsen und Getriebe) ist der 1963 modifizierten Baureihe 411 entnommen.

Nicht nur von den Reparaturwerkstätten wird eine sehr wichtige Neuerung begrüßt. Das Fahrerhaus der Baureihen 421, 403 und 406 kann mit einer Hilfsvorrichtung hochgestellt werden. Jeder, der schon einmal in der drangvollen Enge eines Unimog geschraubt hat, kann ermessen, was es bedeutet, ungehindert an Motor und Getriebe zu gelangen. Vergrößerte Sichtfläche, Bremskraftverstärker für die Anhänger-Bremsanlage, Zusammenfassung aller Kontrollanzeigen in ein Kombi-Instrument sind andere, wesentliche Annehmlichkeiten, die die neuen Unimog zu bieten haben.

Mit den Neuvorstellungen des Jahres 1966 tritt erstmals eine groß angelegte Differenzierung auf. Jeder Unimog bleibt hierbei ein für sich universell nutzbares Gerät. Durch breit gefächerte Leistungsklassen werden dem Käufer Variationsmöglichkeiten für seinen individuellen Zweck ermöglicht. Mit der ständigen Ausweitung der Unimog-Baureihen wird eine gezieltere Fahrzeugwahl möglich.

Der 100 000ste Unimog läuft im Mai 1966 in Gaggenau vom Band.

Auch im Ausland erfreut sich das erweiterte Programm wachsender Beliebtheit. In Argentinien beginnt 1968 die Lizenzfertigung der Baureihe 426. Das Fahrzeug der Leistungsklasse zwischen 80 und 90 PS wird bis 1976 gefertigt.

Im Inland erweitert 1968 der U 66 aus der Baureihe 403 und der U 90 aus der Baureihe 416 das Programm.

Premiere hat im Januar 1969 das Baumuster 413 mit dem U 80, im Prinzip eine verlängerte Version der Baureihe 403. Der Vier-Zylinder-Dieselmotor OM 314 hat bei dem geländegängigen Lastkraftwagen eine Leistung von 80 PS.

Mit Radständen von 2 900 mm und 3 400 mm gibt es ab 1969 das Baumuster 416. In den Ausführungen mit den länge-

Fünf Arbeitsgänge mit drei Fahrzeugen – Unimog

Schwere Betonteile – kein Problem für den 406

U 70-Zweiwegeinsatz bei Beilhack

Mai 1966: Der 100 000ste Unimog wird als Spende der Universität Hohenheim übergeben

ren Rahmen sind Pritschen und Aufbauten mit einer Grundfläche von 3 000 (3 600) x 2 000 mm möglich.

Weitere Lkw-Ausführungen der Baureihen 411, 413, 416 und 421 erweitern in diesem Jahr das Programm. Die Einstufung als Lkw kann im Einzelfall Einbußen bei der Nutzlast bedeuten. Ein Lkw muss 6 PS pro Tonne Gesamtgewicht aufweisen, bei einer Zugmaschine hingegen sind nur 3 PS gefordert. Doch kann der Einsatzzweck die Deklaration bestimmen: die zulässige Straßengeschwindigkeit beim Lkw kann unter Umständen höher sein. Aber eine Zugmaschine im Einsatz bei Landwirten oder Schaustellern darf zwei Anhänger ziehen, was einem Lkw nicht erlaubt ist.

Die argentinische Lizenzfertigung wird 1969 um die Baureihe 431 erweitert. Beide Baureihen (426 und 431) können in Argentinien auch als geländegängige Lkw

82 Unimog & MB trac

geordert werden. Was die landwirtschaftliche Berufsgenossenschaft 1972 fordert, zählt beim Unimog ab 1970 schon zur Serie bei den offenen Fahrerhäusern: der Überrollbügel.

1971 läuft der 150 000ste Unimog in Gaggenau vom Band. Es ist ein Fahrzeug aus der Baureihe 421 und wird als Spende abgegeben.

Ein neues Programm wird 1972 vorgestellt. Als Einsteigermodell bleibt der U 34/411. Eine Leistungssteigerung erhält die Baureihe 421 mit dem 52 PS starken U 52. Das Baumuster 403 wird ab März mit 66 PS Leistung als U 66 angeboten. Die letzte Leistungsanhebung erfolgt für das Baumuster 406. Mit der auf 84 PS gesteigerten Leistung bleibt das Baumuster bis 1988 im Programm.

Ein Sonderfahrzeug stellt die Firma Rheinmetall für Polizei und Militär 1972 vor. Von dieser Spezialausführung auf Unimog-Basis und der internen Bezeichnung UR 416 werden aber keine nennenswerten Stückzahlen gefertigt. Technisch basiert das Baumuster auf dem Fahrgestell des Unimog 416.

Im Dezember 1976 änderte Daimler-Benz die Verkaufsbezeichnungen für alle Unimog-Baumuster. Statt der PS-Zahl hinter dem „U" wird die Zahl zur nächst höheren hunderter Stelle aufgerundet. Die Versionen der Baumuster 413 und 416 bekommen als letzte Typenbezeichnung ein „L". So wird aus dem U 52 der U 600 und

U 40A mit Werner Schichtholz-Zange

421 und 411 im Einsatz bei Dornkaat

Baumuster 421: Pulverlöschfahrzeug auf der „autofreien" Insel Juist

421 als Durstlöscher im Einsatz der Warsteiner Brauerei

421 mit Abbruchmaterial

aus der Baureihe 413 trägt der U 80 als neue Bezeichnung U 800 L.

In den Jahren von 1975 bis 1980 gelingt es Daimler-Benz durch eine gemeinsame Vertriebsorganisation mit dem US-Baumaschinenproduzenten Case 700 Unimog der Baureihe 406 auf dem nordamerikanischen Markt zu verkaufen.

1984 werden 2 419 Unimog an die US-Army, Marine Corps und Can-Army im direkten Vertrieb von Gaggenau geliefert. Die Unimog mit der Baumusterbezeichnung 419 werden überwiegend als „Pioneer Trucks" eingesetzt. Zum größten Teil sind sie mit einem Case Aufbaubagger und einem Schmidt Frontlader ausgestattet. Die Baureihe 419 basiert in den Grundzügen auf dem Baumuster 406. Lediglich Anbauteile wie Tank, Batteriekasten, Batterie und Luftfilter sind in den USA beschafft und eingebaut worden.

Das Aus für die Baureihen 403 und 413 kommt zum Jahresende 1988. Von dem Baumuster 403 sind 5 063 Unimog produziert worden und von dem 413 sind 633 Fahrzeuge vom Gaggenauer Band gelaufen.

Baumuster 416 von 1966

Die letzten Fahrzeuge der Baumuster 406 und 421 verlassen im Frühjahr 1989 Gaggenau. Erfolgreich ist die Baureihe 406 mit 37 069 Fahrzeugen und das Baumuster 421 mit 18 995 Einheiten.

Der letzte Unimog aus dem Baumuster 416 verlässt das Gaggenauer Band 1994. Von den zwanzig verschiedenen Varianten der Baureihe haben insgesamt 45 413 Unimog eine Fahrgestellnummer auf dem Rahmen, in denen die ersten drei Ziffern aus „416" bestehen.

1971: Der 150 000ste Unimog geht als Spende an das Pestalozzi Kinder- und Jugenddorf Wahlwies

Unimog 421 als Pritschenfahrzeug

Baumuster 416 als Doppelkabine

416 als Militär-Geländewagen mit 90, 100 oder 125 PS

416 als Ambulanzfahrzeug von Binz

416 auf dem Weg in die Entwicklungshilfe nach Peru

416 mit Magirus-Aufbau

Einsatz in Südafrika: 416 mit Rosenbauer-Aufsatz

416 als Wald-Grundlöschfahrzeug von Rosenbauer

416 mit Pro Cab-Aufbau in Westafrika

416 mit Pro Cab Womo-Aufbau

Ideales Abschleppfahrzeug: Ruthmann Hubwagen

U 900 als Flugfeldschlepper

Baumaschinentransport – 4,5 t Zuladung mit Hammwalze

Unimog T im Containerdienst

Kabeltrommeltransportfahrzeug von Thaler

Beginn der Serienfertigung im Januar 1976

Schwere Baureihe

**Unimog Baumuster
424-425-435-427-437
seit 1974**

Mit der Erweiterung der Typenpalette in den sechziger Jahren sind auch die Aufgaben des Unimog gewachsen. Seit der Vorstellung des MB-trac in der Landwirtschaft befindet sich der Unimog auf dem Rückzug. Um so höher der Bedarf bei den Kommunen und der Baubranche, die verstärkt nach leistungsfähigeren Fahrzeugen verlangen. Die Konstrukteure definieren Anfang der siebziger Jahre die Aufgabenbereiche neu.

Neben der Leistungserhöhung ist auch die Senkung der Produktionskosten ein wichtiger Aspekt. Für eine zukünftige „schwere Baureihe" versucht man einzelne Bauteile zu kombinieren, um möglichst viele Modelle mit einheitlichen Komponenten zu fertigen. Mit den Neuentwicklungen der schweren Baureihe soll auf lange Sicht ein baukastenartiges Typenprogramm aufgebaut werden.

1972 liefert Daimler-Benz den letzten Unimog „S" an die Bundeswehr. Die Entwicklungen für das Nachfolgemodell sind fast abgeschlossen. Der Großabnehmer stellt einige Anforderungen an die neue Generation: zwei Tonnen Nutzlast, kein Vergasermotor, Leistung mit mehr als 100 PS sind nur ein Auszug aus dem Forderungskatalog. In Gaggenau laufen schon im Herbst 1975 einzelne geländegängige Lastwagen, die mit „L 130" bezeichnet werden, vom Band. Die Bundeswehr übernimmt die Fahrzeuge der Baureihe 435 zu Erprobungszwecken.

Der Großauftrag hat in Gaggenau besondere Bedeutung. Immerhin ist eine Abnahme von 17 000 Einheiten geplant. Zu dieser Zeit werden etwa 9 000 Unimog pro Jahr in Gaggenau gefertigt.

Überrascht wird man von Magirus-Deutz: innerhalb von zwei Jahren ist es gelungen, einen serienreifen Geländelastwagen zu präsentieren. Bei den Erprobungen der Bundeswehr erweist sich der „130 M 7 FAL" dem Unimog technisch ebenbürtig. Den Auftrag kann sich Daimler-Benz nur mit einem gnadenlosen Preiskampf sichern. Den ursprünglich geforderten Preis senkt man um mehr als zwanzig Prozent und erhält den Zuschlag. Die Auslieferung beginnt im August 1978. Im Rahmen einer Feierstunde werden die ersten 20 Fahrzeuge an die Bundeswehr übergeben.

Die DLG-Ausstellung in Frankfurt steht 1974 bei Daimler-Benz ganz im Zeichen der PS-starken Schlepper: Neben den „schweren" MB-trac 1100 und 1300 wird der erste Unimog einer „neuen schweren Baureihe" präsentiert. Daimler-Benz krönt das Programm mit dem U 120 aus dem Baumuster 425.

Mit der neuen Baureihe verabschiedet man sich von den Formen der sechziger Jahre. Im Schwarzwald kehrt man zu kantigen, nüchternen, aber übersichtlichen Formen zurück. Auffällig ist die eckige Kabine mit einer großen, nach vorne zum Bug kaum abfallenden Motorhaube. Sie mündet in einer großflächigen, schwarzen Front. Erstmals gibt es nur ein Ganzstahlführerhaus. In der landwirtschaftlichen Ausführung kann man die Kabine auch „halboffen" (mit aufrollbarer Rückwand) ordern.

Im neuen eckigen Kurzhauberfahrerhaus werden Motor und Getriebe getrennt. Besonders das Fahrerhaus profitiert im Innern von der „aufgelösten" Bauweise. Erstmals gibt es in einer Unimog-Kabine keine „qualvolle Enge" durch eine hineinragende Motorabdeckung. Neben einem erweiterten Platzangebot ist auch der Komfort von bisher nicht gekannter Qualität.

1976: Der neue U 1000

Hydraulische Servolenkung, kurzer Radstand, vordere Anhängerkupplung: U 1700

1977: Der 200 000ste Unimog läuft vom Band

Die aufgelöste Bauweise verhindert die Übertragung von schädigenden Motorschwingungen zum Getriebe. Zusätzlich erlaubt diese Möglichkeit, das grundlegende Unimog-Prinzip beizubehalten.

Als Triebwerk kommt der Sechs-Zylinder-Dieselmotor mit Direkteinspritzung vom Typ OM 352 zum Einsatz. Die 120 PS des Motors werden mit einer Einscheibentrockenkupplung und einer Antriebswelle zum Getriebe übertragen. Der zuschaltbare Allradantrieb wirkt auf vier gleich große Räder der Dimension 14,5-20. Zusätzlich kann während der Fahrt die Differentialsperre pneumatisch zugeschaltet werden.

Das vollsynchronisierte Acht-Gang-Grundgetriebe wird in der landwirtschaftlichen Ausführung mit einer nachgeschalteten Planetengruppe um acht Arbeitsgänge erweitert. Auf Wunsch ist eine zusätzliche Planetengruppe mit weiteren acht Kriechgängen lieferbar. Für den Einsatz in der Landwirtschaft stehen mindestens 16, auf Wunsch 24 Gänge zur Verfügung. Der Geschwindigkeitsbereich reicht von 0,1 bis 84 km/h. Alle Fahrstufen können mittels Reversierschaltung (Wendegetriebe) vorwärts wie rückwärts gefahren werden.

Zweikreis-Scheibenbremse und eine Druckluftanlage zählen zur Serienausstattung. Zusätzlich hat der U 120 eine unabhängige, mit Druckluft unter Last schaltbare Motorzapfwelle, die von 540 auf 1000 U/min umschaltbar ist. Als Extra ist noch eine Getriebezapfwelle möglich.

Der erste U 120 verlässt im August 1975 das Band in Gaggenau. Zwei Monate später folgt ein leistungsstärkeres Modell: der U 150/425. Mit dem Antriebsaggregat OM 352 A werden 150 PS erreicht. Das neue Flaggschiff ist zuvor auf der Hannover-Messe vorgestellt worden.

Erweitert wird die Palette 1976 mit der Vorstellung des U 95/424. Mit dem gedrosselten OM 352-Motor aus dem U 120 werden 95 PS Leistung erreicht. Die bessere Sicht auf den vorderen Anbauraum bleibt dem U 95 (dem späteren U 1000) vorbehalten: die abgesenkte Motorhaube. Neu ist auch die Möglichkeit der staub- und geräuscharmen Belüftung durch den Einbau einer Klimaanlage (Sonderwunsch). Ab Februar 1977 verlassen die ersten Serienfahrzeuge des 95 PS starken Unimog als U 1000 die Werkstore in Gaggenau.

Im Spätherbst 1976 sortiert Daimler-Benz die Typenbezeichnungen neu. Die schwere Baureihe kennzeichnet die Modelle Unimog U 1000, U 1300/L, U 1500 und das Flaggschiff U 1700/L mit 124 kW (168 PS) Motorleistung. Der Buchstabe L steht für eine Ausgabe mit langem Radstand.

Das Programm der Baureihe 424 wird ständig erweitert: 1982 der U 1200, 1983 U 1250 und U 1250 L und 1986 der U 1550. Das Baumuster 425 umfasst den U 1300 und den U 1500. Der U 1300 L und ab 1981 zusätzlich die Typen U 1700 und U 1700 L zählen zur Baureihe 435. Die Typen U 1000 T (BM 424), U 1200 T (BM 424) und U 1500 T (BM 425) sind als Triebköpfe lieferbar. Spitzenmodelle der schweren Baureihe sind seit 1981 der U 1700 und der U 1700 L mit einer Leistung von 168 PS.

Ausgestattet sind alle Unimog der drei Baureihen mit den Motoren OM 352 und OM 352 A in folgenden verschiedenen Leistungsstärken.

Der Motor OM 352 leistet:
- 95 PS im U 1000,
- 110 PS im U 1000 T,
- 130 PS im U 1300 L.

Für mehr Leistung sorgt der OM 352 A:
- 125 PS im U 1200, U 1250/L, U 1200 T, U 1300,
- 150 PS im U 1500, U 1550 T, U 1550, U 1550 L,
- 168 PS im U 1700 U 1700 L.

U 1000 – die Allradmaschine

424 mit Schmidt-Reinigungsgerät

U 1000 mit Vorbau-Kehrmaschine

U 1000 mit Reermann-Ballenzangen

Einheitlicher sind die Radstände der schweren Baureihe:
- Baureihe 424: der U 1000 hat 2 630 mm, der U 1200 hat 2 650 mm, alle übrigen Typen haben 3 250 mm Radstand.
- Baureihe 425: der U 1300 und U 1500 hat 2 810 mm Radstand.
- Baureihe 435: der U 1700 und U 1300 L haben 3 250 mm, der U 1700 L hat 3 850 mm ist auch mit 3 250 erhältlich, der U 1300 L ist auch mit 3 700 mm Radstand lieferbar.

Neu strukturiert werden die Unimog-Baureihen 1988. Das Unimog-Programm gliedert sich in vier Leistungsklassen: Die leichte (407), die mittlere (417), die mittelschwere (427) und die schwere (437) Baureihe.

Unter dem Blech des Fahrerhauses gibt es bei den Baureihen 427 und 437 neue Radstände, Maße, Gewichte, Fahrwerke und Motoren. Obwohl es fast komplett neue Fahrzeuge sind, bleibt das äußere Erscheinungsbild fast unverändert. Unter der Motorhaube vollzieht sich der größte Wandel. Die Motoren des Baumusters OM 352 haben ausgedient. Ersetzt werden sie durch den OM 366, der bereits im MB-trac seine Bewährungsprobe bestanden hat.

Gegenüber den Vorgängermodellen gibt es unterschiedliche PS-Leistungen. Dies führt zur Auffächerung der Typen-Palette. Das neue Programm wird in drei Sparten eingeteilt:
- Arbeitsmaschinen mit kurzem Radstand (U 1000, U 1200, U 1400, U 1600, U 1700).
- Arbeitsmaschinen mit langem Radstand (U 1250, U 1450, U 1650, U 1750).
- Hochgeländegängige Fahrgestelle (U 1150 L, U 1250 L, U 1350 L, U 1550 L, U 1650 L, U 1750 L).
- Triebköpfe U 1100 T, U 1200 T, U 1700 T

Eine Überraschung der besonderen Art präsentiert Daimler-Benz auf der BAUMA 1989 in München: die schwere Baureihe wird um zwei leistungsstarke Geräteträger, Zugmaschinen und Fahrgestelle mit 214 PS erweitert: U 2100/2150. Mit Achslasten von bis zu acht Tonnen wird der Einsatz schwerer Arbeitsgeräte bis zu

U 1000 im Winterdienst

Aufbaubagger für den U 1000

einem zulässigen Fahrzeug-Gesamtgewicht von 12 000 kg möglich.

Ausreichend Leistung verspricht der OM 366 LA: 214 PS bei 2600 U/min und ein maximales Drehmoment von 650 Nm erbringen neben ausreichender Antriebskraft auch hohe Leistungsreserven. Hinzu kommt das neue Getriebe UG 3/65. Breitere Zahnräder, verstärkte Lager und eine neue Schrägverzahnung sorgen für eine weiche Schaltung und höhere Lebensdauer.

Lieferbar ist der U 2100 als Arbeitsmaschine mit 2 810 mm, oder als U 2150 mit 3 250 mm Radstand. Die Fahrgestelle U 2150 L gibt es mit 3 250 mm und 3 850 mm Radstand. Wer nicht über den Führerschein der Klasse 2 verfügt, braucht auf 214 PS Motorleistung nicht verzichten. Der U 1550 L kann mit einem zulässigen Gesamtgewicht von 7,5 bis 9 t mit dem Turbomotor OM 366 LA mit Ladeluftkühlung auch mit 214 PS Leistung ausgeliefert werden.

Zu Beginn der neunziger Jahre werden jährlich 4 500 Unimog produziert. 350 Einheiten sind für den landwirtschaftlichen Einsatz bestimmt. Hier ist man bemüht, nach dem Auslaufen der MB-trac-Produktion, mehr Marktanteile zu gewinnen. Auf der Agritechnika 1991 in Frankfurt über-

U 600 T
Leistung kW (PS): 44 (60)
zul. Vorderachslast (kg): 2600
Triebkopfgewicht (kg): 1600
mögl. Geschwindigkeitsbereich ca. km/h: 0,11–72
bei Bereifung 10,5–20

Der Unimog 600 T ist die kleinste und kompakteste Ausführung der Unimog-Triebköpfe.
Und damit auch der kostengünstigste und wirtschaftlichste Typ mit sehr niedrigen Verbrauchswerten. Er ist die ideale Antriebseinheit für die untere Nutzlastklasse. Vom Fahrerhaus hat man gute Sicht nach allen Seiten.

U 1000 T
Leistung kW (PS): 81 (110)
zul. Vorderachslast (kg): 4000
Triebkopfgewicht (kg): 2870
mögl. Geschwindigkeitsbereich ca. km/h: 6,3–79
bei Bereifung 12,5–20

Der Unimog U 1000 T ist das robuste Kraftpaket in der neuen Generation der Unimog-Triebköpfe.
Hohe Motorleistung und optimal abgestuftes Getriebe sorgen für zügige Beschleunigung und hohe Fahrgeschwindigkeit. Die robuste Auslegung von Motor und Aggregaten ermöglicht hohe Zuladung in der mittleren Nutzlastklasse.
Das kompakte und doch großzügige Fahrerhaus bietet gute Sicht, bequeme Sitzposition und hervorragenden Bedienungskomfort.

„Einachs-Unimog" = Triebköpfe

U 1300 L im Einsatz bei der Bundeswehr

rascht man mit dem leistungsstärksten Allradtraktor aus dem Hause Daimler-Benz, dem U 2100 A „Powerstar".

Der als „Großgeräteträger" bezeichnete Unimog erreicht mit dem ladeluftgekühlten Sechs-Zylinder-Motor OM 366 LA eine Leistung von 214 PS. Mit einem stärkeren Dreipunkt-Gestänge mit automatischer Seitenstabilisierung und der Spezialbereifung 495/70 R24 soll der „Powerstar" Marktanteile auf dem landwirtschaftlichen Sektor gewinnen.

Wem die Nutzlast von zwei Achsen nicht ausreicht, kann ab 1991 auch einen dreiachsigen Unimog ordern. Bei der Firma Werner in Trier-Ehrang wird eine dritte Schleppachse zur Erhöhung der Nutzlast angebaut. Als 6x4-Typen können der U 1750 L und U 2150 L geordert werden. Der serienmäßige Radstand von 3 250 mm oder 2 850 mm verlängert sich durch die dritte Achse um 1 400 mm. Beachtlich ist der Zugewinn: bei einem zulässigen Gesamtgewicht von 18 t ist auch noch eine Anhängelast von 10 t möglich.

U 1100 T
Leistung kW (PS): 81 (110)
zul. Vorderachslast (kg): 3800
Triebkopfgewicht (kg): 2100
mögl. Geschwindigkeitsbereich
ca. km/h: 0,13–79
bei Bereifung 12.5–20

Der Unimog U 1100 T hat sich als kostengünstige und kraftvolle Triebkopfeinheit bewährt.
Dieser am häufigsten eingesetzte Triebkopf zeichnet sich durch Kostengünstigkeit bei Anschaffung und Unterhalt aus. Seine guten Leistungsreserven sorgen für hohe Zulademöglichkeit in der mittleren Nutzlastklasse. Fahrer und Beifahrer haben eine gute Sicht nach allen Seiten.

U 1500 T
Leistung kW (PS): 110 (150)
zul. Vorderachslast (kg): 5300
Triebkopfgewicht (kg): 3400
mögl. Geschwindigkeitsbereich
ca. km/h: 6,4–84
bei Bereifung 13 R 22.5

Der Unimog U 1500 T ist die zug- und leistungsstärkste Version der Unimog-Triebkopf-Familie.
Optimale Gangabstufung, starker Motor mit Abgasturbolader und hohe Straßengeschwindigkeit zeichnen diesen Triebkopf der schweren Nutzlastklasse aus. Hohe Leistungsreserven auch bei schwerer Zuladung.
Das moderne Fahrerhaus der neuen Generation bietet hohen Bedienungskomfort, gute Sitzposition und ausgezeichnete Sicht nach allen Seiten.

Unimog-Triebköpfe – nur Frontantrieb

Was ist für einen Unimog zu groß, zu schwer oder zu viel? Eine enorme Leistungssteigerung des Unimog wird 1992 auf der BAUMA in München vorgestellt. Der U 2450 und U 2450 L erbringen die zehnfache Motorleistung des Ur-Unimog. Aus den sechs Litern Hubraum des OM 366 LA wird eine neue Rekordleistung von 240 PS geholt. Seit Herbst 1991 ist bereits der U 1550 L (240) als spurtschnellster Unimog mit diesem Triebwerk im Angebot.

Entdecke die Möglichkeiten: Vorne ein reiner Unimog, der Hinterwagen vom Lkw mit Zwillingsbereifung. Diese „Mischung" wird im Juli 1993 als Unimog 2400 TG vorgestellt. Außergewöhnlich ist nicht nur der Radstand von 4100 mm, auch das Gesamtgewicht von 18 t ist beachtlich. Mit dem 240 PS starken Motor erreicht er eine Geschwindigkeit von 92 km/h. Alle Eigenschaften des Unimog bleiben erhalten: Allrad, Sperren, Arbeits- und Kriechgänge sowie An- und Aufbaumöglichkeiten. Zusätzlich hat der 2400 TG eine Ladefläche von 4,20 mtr, dessen Ladehöhe bei 1,30 mtr beginnt. Im Gegensatz zum Lkw immerhin 15 cm niedriger.

Die Krönung der schweren Baureihe ist 1993 der Unimog U 2450 L 6x6, ein allradgetriebener Dreiachser. Das bedeutet: keine Probleme beim Transportieren schwerer Lasten durch schwieriges Gelände. Selbst Expeditionen mit außergewöhnlichen Geländesituationen sind möglich mit dem dreiachsigen Unimog. Großes Aufbauvolumen gepaart mit reichlich Zuladung eröffnet neue Dimensionen im Off-Road-Bereich. Selbst im Truck-Trial zeigt der U 2450 6x6 ab 2002 sein ganzes Leistungsvermögen.

Eigentlich braucht ihn niemand. Aber was ist, wenn Lamborghini und Porsche ihren Reiz verloren haben? Doch wer fragt schon nach dem Sinn, wenn man das Schönste im Leben nicht versäumen will! Und wer die Lust am Laster entdeckt hat, kommt am Funmog 1994 nicht vorbei.

Diese Edelvariante des Arbeitstiers wird in Japan aus der Taufe gehoben und avanciert in kürzester Zeit zum ultimativen Juppie-Gefährt. Den Funmog gibt es in zwei Varianten, als U 90 (408) und U 1400 (427). Mit einem blauschwarzen Metallic-Überzug, dezentem aber wuchtigem Bullbar, einem effektheischenden Überrollbü-

Rallye Paris-Dakar 1985: U 1300 L belegt den zweiten Platz

U 1300 L im Einsatz des THW

gel aus Edlestahl und reichlich Funmog-Aufklebern liegt das Äußere des U 1400 voll im Trend.

Im Innern dominiert Edles: Teppichboden, Veloursauskleidung und elektrisch verstellbare Recaro-Sitze sind die Grundausstattung. Die Aufpreisliste scheint keine Grenze zu haben: elektrische Fensterheber, Klimaanlage, Ledersitze – fast nichts ist unmöglich. Da kann es auch nicht stören, dass man mit einem Vierkant-Schlüssel die Motorhaube öffnen muss.

Wer einen Funmog aus der auf wenige Exemplare limitierten Sonderserie bekommen hat, für den ist auch der Grundpreis von DM 190 000,- kein Hindernis. Hat man doch auf alle Fälle Spaß.

Wer heute einen Funmog möchte, sollte es mit einer „Bittschrift" an Daimler-Chrysler versuchen. Vielleicht ist man bereit, dass eine oder andere Einzelstück zu montieren. Neben reichlich Vergnügen dürfte der Funmog dann auch seinen Preis haben.

Binz Ambulanzaufbau für den Einsatz bei der SFOR

U 1300 L mit Aufbau von Ziegler

U 1300 L als LF8 mit Aufbau von Ziegler

Allradantrieb in der Rübenernte

U 1600 mit Dammann-Aufbauspritze

Getreideernte mit Zuladung auf der Pritsche

Landwirtschaft: Transportgewerbe wider Willen

Dreamteam: Unimog und MB trac bei der Rübenernte

U 1300 mit Terrabereifung

U 2100 mit terramatic und Dutzi Kreiselegge

Dücker Fronthäcksler mit Anhänger im Einsatz

U 1200 mit Mulag Front- und Seitenmähwerk

Im Wintereinsatz: Schmidt Vorbaufräse

Alles aus einer Hand: Graben, Pflanzen, Abfuhr

U 1400 mit Fasieco Hubwagen

Einsatz mit Gelenkbühne im unwegsamen Gelände

U 1450 als Wa TLF 1700 mit Aufbau von Rosenbauer

Ideal für das Team: Unimog Doppelkabine

TLF 8/15 mit Aufbau von Ziegler im Polizeidienst

2400 TG mit Kanalspüleinrichtung

Bergungsräumgerät der Polizei mit Frontlader und Atlas Ladekran

Industrieeinsatz: Rangierlok Unimog

Kombination: Barth Drainage- oder Kanalspülung

Unimog im Hafeneinsatz

Unimog mit Rotzler-Winde

Terrareifen, notwendig für den Einsatz mit Barth-Fräse K 150

Unimog mit Barth Aufbaugrabenfräse K 150 W

Unimog 2450 6x6 für TV-Sendung verschifft

Globetrotter TV mit 6x6 Wohnmobil in Afrika

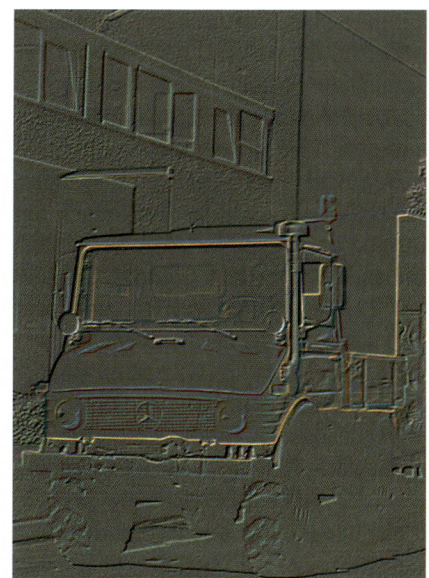

Die „neue" Mittelklasse

**Baumuster 407-417
1988-1993**

Mit dem Auslaufen der Baureihen 421, 403, 413, 406 und 416 ist eine grundlegende Überarbeitung notwendig. Wie bei der schweren Reihe ist es aber eher ein behutsames Vorgehen. Neu ist die Bezeichnung der im Frühjahr 1988 vorgestellten Fahrzeuge: die leichte Baureihe mit dem Baumuster 407 und die mittlere mit der Bezeichnung 417. Der Rest ist eigentlich eine Runderneuerung des Vorhandenen. Das „neue" Fahrerhaus erinnert an die von Mulag, Bad Petershagen bereits 1972 vorgestellte „Panorama-Kabine" für die Baumuster 403 und 406.

Das Fahrerhaus der leichten und mittleren Baureihe unterscheidet sich äußerlich nur durch die Anbringung der Scheinwerfer. In der Baureihe 407 befinden sich die Hauptscheinwerfer im Kühlergrill, bei dem Baumuster 417 sind sie in der Stoßstange angebracht. Die Kabine beider ist um 12 cm höher geworden und hat in der Breite und der Dachhöhe dazu gewonnen. Das bedeutet bessere Sicht und „mehr Luft" im Fahrerhaus.

Abschied vom Blech im Innern: Armaturenbrett, Türen, Motorabdeckung und Lenksäule sind mit Kunststoff ausgekleidet. Was wohnlich wirken soll, trägt auch zur Verringerung der Innengeräusche bei. Neu sind auch die Sitze, die höhere Sitzposition und die flachere Lage des Lenkrades. Für alle, denen der Abschied vom offenen Führerhaus schwer fällt, gibt es einen – wenn auch bescheidenen – Ersatz: eine Dachluke. Sollte diese nicht ausreichend sein, ist der Einbau einer Klimaanlage auf dem Dach möglich.

Neu ist die Bedienung der Hydraulik. Die Schalthebel sind nicht am Lenkstock, sondern auf der Schaltplatte neben dem Fahrersitz angebracht. So ist der Einbau von drei Hydraulikventilen möglich. Allradantrieb und Differentialsperren werden

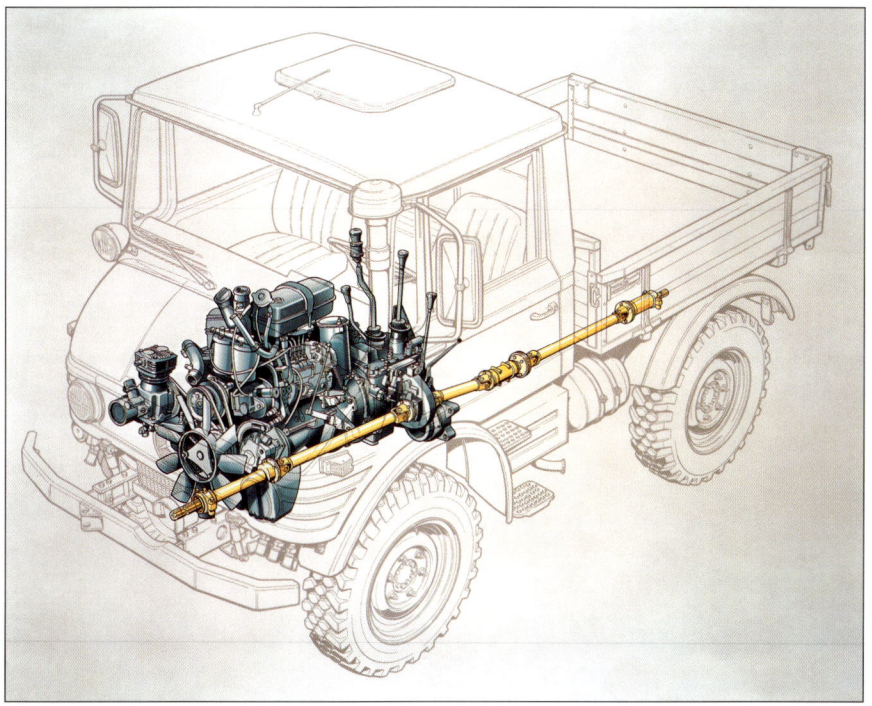

Baugruppenanordnung des U 600

Unimog 407 mit Dücker Häcksler

U 600 mit Dammann Spritzaufbau

mit Hilfe eines Drehschalters pneumatisch eingelegt, die während der Fahrt auf der Schaltplatte betätigt werden können.

Die Fahrzeuge der Baureihe 407 sind mit dem Vier-Zylinder-Dieselmotor OM 616 ausgestattet. Der Sechs-Zylinder-Diesel OM 352 sorgt für den Antrieb der Unimog des Baumusters 417. Neu ist bei beiden Baureihen das Getriebe UG 2/30 mit 22 Gangstufen vorwärts und acht Rückwärtsgängen. Der Geschwindigkeitsbereich liegt zwischen 0,2 und 62 km/h.

Beide Baureihen werden 1993 vom Markt genommen. Für das Baumuster 407 endet nach 789 Fahrzeugen die Produktion der Verkaufsbezeichnung U 600, U 650 und U 650 L. Von der Baureihe 417 verlassen 2 275 Exemplare unter den Verkaufsbezeichnungen U 800, U 900, U 1100 T, U 1150 und U 1150 L die Werkstore in Gaggenau.

1985: Die Unimog-Palette für die Landwirtschaft

U 1150 als Waldbrandlöschfahrzeug von Rosenbauer

Pro Cab Wohnmobil in Indien

BM 417 mit Kran und Erdlochbohrer

Leichte und mittlere Baureihe

**Baumuster 408-418
seit 1992**

Eine Legende feiert Premiere – unter diesem Slogan startet 1992 mit großem Aufwand die Werbekampagne zur Einführung der leichten und mittleren Baureihe. Premiere auf der Nutzfahrzeug-IAA in Hannover haben im Mai 1992 das Baumuster 408 mit dem Unimog U 90 und die Baureihe 418 mit U 110 und U 140.

Die ungewöhnliche Form der Motorhaube beider Baumuster sorgt für reichlich Zündstoff. Daimler-Benz bezeichnet den links steil abfallenden Teil der Haube als „Sichtkanal". Für viele Unimog-Freunde aber haben die neuen Modelle eine Optik, „als hätten sie ihren Frontalaufprall schon hinter sich".

Die Konstrukteure verteidigen das ungewöhnliche Styling der kantigen Karosserie. Das Design ist ganz auf Zweckmäßigkeit ausgerichtet. Eine „normale" Motorhaube ist möglich, wenn auf den Sichtkanal verzichtet werden kann.

Selbst bei den Bezeichnungen hebt sich die neue Unimog-Generation vom Gesamtprogramm ab. Was bis Mitte der siebziger Jahre Gültigkeit hat, wird zu Beginn der neunziger als neu „entdeckt": auf die letzte „Null" wird verzichtet. Während bei der schweren Baureihe die vierstelligen Zahlen Bestand haben, ist es bei den beiden neuen ein Zähler weniger.

Außer dem gewöhnungsbedürftigen äußeren Styling des Fahrerhauses gibt es viele Veränderungen. Eine neu gestaltete Kabine mit angedeutetem Hochdach bietet reichlich Platz im Innern. Das Armaturenbrett überrascht mit digitaler Multifunktionsanzeige. Die Hydraulik kann mit Kreuzschalthebel oder komfortabel per Joystick und Funktionstasten bedient werden.

Ein neu konzipierter Leiterrahmen und progressiv wirkende Schraubenfedern verbessern das Fahrverhalten. Die Scheibenbremsen an allen vier Rädern sind nicht wie gewohnt druckluft-unterstützt, sondern werden komplett mit Druckluft betätigt. Erstmalig im Unimog gibt es ein ABS-Bremssystem.

Eine Neuentwicklung ist die Geräteanbauplatte mit „Servo-lock", einer Einrichtung zum hydraulischen Andocken von Arbeitsgeräten. Die Verriegelung der Frontgeräte erfolgt vom Fahrersitz aus.

Unimog 408 – mit Sichtkanal

U 90 mit Dücker-Geräten

Neu sind die Motoren der leichten Baureihe. Der Fünf-Zylinder-Diesel OM 602 holt aus 2,9 Litern Hubraum 87 PS. In der mittleren Baureihe sorgt der Vierzylinder OM 364 beim U 110 für 102 PS und mit Ladeluftkühler im U 140 für 133 PS.

Für jede Arbeit die richtige Geschwindigkeit wählen kann man mit dem Acht-Gang-Getriebe. Mit Gruppenumschaltung und pneumatischer Zwischenschaltung wird eine optimale Abstufung zwischen 0,15 und 85 km/h ermöglicht. Beide Baureihen sind „autobahntauglich" und können als Extra eine schnellere Achsübersetzung mit maximal 93 km/h wählen.

Das Programm umfasst 1992 Zugmaschinen mit kurzen Radständen: in der leichten Baureihe den U 90 mit 2 690 und in der mittleren den U 110 und U 140 mit 2 830 mm Radstand. Nur ein Triebkopf ist mit dem U 140 T im Programm.

1994 ersetzt der U 130 als Zugmaschine und Triebkopf den U 140. Ausgestattet ist der U 130 mit dem Vierzylinder OM 364 LA mit 133 PS Leistung. Erweitert wird das Angebot um zwei geländegängige Fahrgestelle, den U 100 L mit 3 220 mm Radstand und den U 140 L mit 3 470 mm.

Das Nutzfahrzeug ist nur eine Seite des Unimog. Ein Spezialrezept für eine außergewöhnliche Alternative hat man 1994 in Gaggenau entwickelt. Man nehme einen metallic-roten Unimog aus der Serie, spendiere ihm ein auffälliges Sportgewand, reichlich verchromten Zierrat, Kühlerschutz, Überrollbügel und Edelstahl-Trittbretter, garniert das Ganze mit reichlich Nebel- und Zusatzscheinwerfern, zwei Pressluftfanfaren und einem bis über das Dach nach oben gezogenen Auspuff – und der Luxus-Trecker ist von außen fertig.

Bei der Gestaltung des Innenraumes sollen Grundbedürfnisse und kleine Annehmlichkeiten wie Klimaanlage, getönte Scheiben, Teppichboden und Ledersitze nicht fehlen. Verzichtet werden soll auch nicht auf allerlei elektrische Helfer für Fenster, Türen und Sitze. Bei den Sonderwünschen gibt es noch einige Steigerungsmöglichkeiten, doch für einen Funmog dürfte die Grundausstattung reichen.

Die Japaner sind es, die Gefallen an dem außergewöhnlichen Luxusgefährt finden. Daimler-Benz reagiert: In einer streng limitierten Sonderserie gibt es 1994 den Funmog. Für den nötigen Vortrieb sorgt im U 90 ein getunter OM 602 mit Aerodyn-

Baumuster 418 – ideal als Wohnmobilaufbau

U 130 T zum Transport von Kabeltrommeln (Thaler)

U 140 T Kabelverlege-Transportfahrzeug (Thaler)

U 140 L als Waldbrand TLF (Ziegler)

U 100 L Prototyp in Cabrioausführung

Variolader von TSH Tuning. Das Aggregat hat 2,9 Liter Hubraum, aus denen es 110 PS schöpft. Ungewöhnlich wie Leistung und Ausstattung ist der Preis: ab 140 000 DM – dabei sollte man den Slogan „Die Grenzen bestimmen nur Sie!" wörtlich nehmen.

Die Sonderserie des zum Edel-Macho mutierten Arbeitstieres ist streng limitiert. Keine Probleme hat man mit dem Absatz des Exoten. Auch wenn nur wenige je einen Funmog gefahren haben werden und viele nur von ihm träumen, wird er 1994 zum Geländewagen des Jahres gewählt.

Am 15. Juli 1994 verlässt der 300 000ste Unimog das Werk in Gaggenau. Daimler-Benz preist den „Erfolg einer Idee". Doch zu diesem Zeitpunkt ist völlig ungewiss, wie lange diese Idee noch Bestand haben wird. Das Kraftpaket „made in Gaggenau" steckt besonders tief in den roten Zahlen.

Neuigkeiten gibt es 1996 bei der leichten Baureihe. Aus dem U 90 wird der U 90 turbo und neu im Programm ist der U 100 L turbo als Fahrgestell mit 3 220 mm Radstand. Das Fünf-Zylinder-Aggregat OM 602 DE 29 leistet 115 PS. Der Turbodiesel hat 2,9 Liter Hubraum.

Die mittlere Baureihe 418 muss 2001 der neuen Unimog-Generation weichen. Die leichte Baureihe 408 besteht weiterhin aus der Zugmaschine U 90 turbo und dem Fahrgestell U 100 L turbo.

Fun Mog – begrenzte Auflage

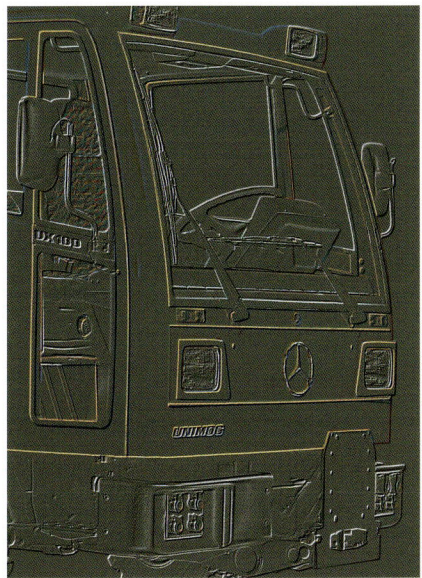

Geräteträger für Kommunen

Baumuster 409
1996-1998

Ein „Bonsai"-Unimog rückt im Mai 1996 auf der IFAT in das Rampenlicht. Bezeichnet wird der neue Mini-Mog als UX 100. Wenn es nach seinen Schöpfern geht, soll der schlank „gewachsene" flink über Gehwege und durch Parkanlagen schlüpfen. Im Klartext: Der kleinste Unimog ist der ideale Geräteträger für Kommunalbetriebe.

Der Einsatzbereich des Kleinen ist im Rahmen der Straßen- und Arealpflege schier unerschöpflich. Mit der geringen Höhe von 2 m und einer Breite von 1,6 m ist der Einsatz des UX 100 auf schmalen Wegen, in Hallen, Parkhäusern oder Tiefgaragen möglich.

Wie alle Unimog hat auch der UX 100 eine Rahmenbauweise, vier gleich große Räder und Allradantrieb. Als Kraftquelle dient dem Zwerg ein ausgewachsenes Triebwerk: Der Fünf-Zylinder-Diesel OM 602 DE29LA leistet 115 PS.

Den Mini-Unimog gibt es in zwei Varianten:
- UX 100 M – ein Fahrgestell für große Aufbaulängen (max. 2 835 mm) mit zuschaltbarem Allradantrieb, Fünf-Gang-Getriebe, Geschwindigkeitsbereich von 17 bis 115 km/h und einem zusätzlichen Vorschaltgetriebe (unter 3 km/h).
- UX 100H – ein Geräteträger mit Schnellkoppelsystem, hydrostatischem Antrieb, permanentem Allrad, vier Geschwindigkeitsbereichen bis 65 km/h und optionaler Wechsellenkung „vario pilot".

Der Fahrer vom UX 100 kann dank der neu entwickelten Lenkanlage „vario pilot" immer dort sitzen, wo er die beste Sicht auf die Frontgeräte hat. Schnell und ohne Werkzeug kann die komplette Frontkonsole mit Lenkrad, Armaturen und Pedalen von links nach rechts und umgekehrt verlagert werden.

Neu ist nicht nur die Gestaltung der Kabine, auch der Werkstoff hat gewechselt. Statt Blech hat man stabilen FVW (Faserverbundwerkstoff) verwendet, der leichter als Metall ist. Ab sofort zählt Korrosion zu den Unbekannten des Mini-Unimog.

Ein großes Geschäft ist der kleine Bruder des Unimog für den DaimlerChrysler-Konzern nicht. In einer Pressemitteilung heißt es 1998: „…im Zuge der Konzentration auf Kernkompetenzen…" verliert der UX 100 seinen Silberstern auf dem Kühler. Komplett mit Fertigung und Rechten wird der kleine Unimog an die Hako-Holding in Bad Oldesloe veräußert. Die Spezialisten für Fahrzeuge dieser Art und Größe fertigen in fast unveränderter Form ab 1999 den UX 100 in Waltershausen/Thüringen. Hier laufen zwei weitere Schmalspurfahrzeuge vom Band: das zu DDR-Zeiten schon legendäre Multicar und die von Kramer, Überlingen übernommene Tremo-Baureihe (mit Allradlenkung). Mit „Kommobil" ist nur der Vertrieb der Fahrzeuge in Gaggenau verblieben.

Fazit: Die Entwicklungsmannschaft konnte für die Zukunft des Unimog reichlich Ideen aus dem Projekt „UX 100" sammeln.

UX 100 – Unimog im Miniformat

UX 100 mit Dücker Heckenschneider

U 400: Frontlader und Heck-Kehrmaschine

Palfinger Schnellwechselkran mit Vierfach-Abstützung

Kanalreinigung mit Hochdruckpumpe

Unimog-Domäne: Winterdienst

Wer bietet mehr? Mulag Geräte-Kombination

UGN 300-500

Baumuster 405 – seit 2000

Das Kraftpaket Unimog steckt in dem letzten Jahrzehnt des Jahrtausends tief in der Krise: sinkende Produktionszahlen und ein sich wandelnder Markt. Rund 40 Prozent aller Unimog in Deutschland sind im Öffentlichen Dienst, 35 Prozent in der Industrie und 25 Prozent im Bau- und Energiegewerbe im Einsatz. Vom landwirtschaftlichen Markt hat man sich fast ganz verabschiedet. Die jährliche Produktion sinkt auf 2 900 Einheiten. In den achtziger Jahren waren es zum Teil über 10 000 Unimog und MB-trac, die pro Jahr gefertigt wurden.

Trauriger Rekord 1999: die 2170 gebauten Unimog bleiben deutlich unter der Planzahl von 2 500. In keinem Jahr zuvor sind so wenig Fahrzeuge in Gaggenau gebaut worden. Die Qualität ist so gut, dass ein Unimog durchschnittlich dreißig Jahre lang täglich harte Arbeit aushält.

Nichts ist beständiger als der Wandel. Es gilt auf veränderte Anforderungen zu reagieren. Flexible Geräteträger und leistungsstarke Zugmaschinen sind gefordert. Nicht jeder Kunde braucht sowohl ein All-Terrain-Fahrzeug als auch gleichzeitig die Einsatzmöglichkeiten als Geräteträger oder Zugfahrzeug. Ziel ist es, ein Fahrzeug mit verminderter Geländetauglichkeit als Geräteträger zu konzipieren. Das neue Fahrzeug soll zudem preiswerter als das bisherige, hochgeländegängige Universalgenie sein, das aber zunächst weiterhin angeboten werden soll.

Mit dem neuen Jahrtausend kommt der Modellwechsel. Bislang ist der Unimog bei jedem Wechsel im Prinzip ein Unimog geblieben. Mit der Vorstellung der neuen Generation im März 2000 ist es anders. Dass der „Mercedes unter den Geräteträgern" – so die aktuelle Werbung – eine völlige Neuentwicklung ist, soll man auf den ersten Blick sehen. So ist der Neue ein annähernd perfekter Geländewagen; der Schwerpunkt liegt aber nun beim Einsatz als Geräteträger.

Die neue Unimog-Generation aus dem Jahr 2000 fährt in einem gewöhnungsbedürftigen Outfit vor. Zukunftsträchtig und gewagt ist das Design: Abschied nicht nur von antiquierten Formen, auch der Werkstoff ändert sich. Blech hat bei der Kabine ausgedient. Nur noch Plaste und Elaste bestimmen die äußere Hülle der neuen Generation. Korrosion ist ab sofort Fehlanzeige.

Extrem tief heruntergezogene Scheiben und eine ebenso extrem kurze Haube sind möglich, weil der Motor nach hinten, zwischen die Achsen gerutscht ist. Bleibt die Frage, ob der neue Unimog hier eine Idee von einem seiner Erfinder aufnimmt, Albert Friedrich, der den Motor 1946 in seinen ersten Zeichnungen an ähnlicher Stelle vorgesehen hat.

Das Innere des Fahrerhauses bietet gute Sicht, viel Platz und Komfort. Eine Idee ist aus dem Projekt UX 100 importiert: in Windeseile wechselt der Fahrerplatz die Seite. Was sich auch hier „vario pilot" nennt, erweist sich im täglichen Einsatz als überaus praktisch. Eine Klimaanlage gibt es erstmals serienmäßig im Unimog.

Als Antrieb für den U 300 stehen zwei Leistungsklassen des Vier-Zylinder-Motors zur Auswahl. Der OM 904 LA kann mit 150 oder 177 PS geordert werden. Bei dem U 400 ist der OM 904 LA mit 177 PS oder der Sechszylinder OM 906 LA mit 230 PS im Angebot. Der auf der Nutzfahrzeug-IAA 2000 erstmals gezeigte U 500 ist ab April 2001 mit dem Sechs-Zylinder-Diesel OM 906 LA wahlweise mit 230 oder 280 PS zu haben.

Im März 2000 erscheint die neue Unimog-Generation – Baumuster 405

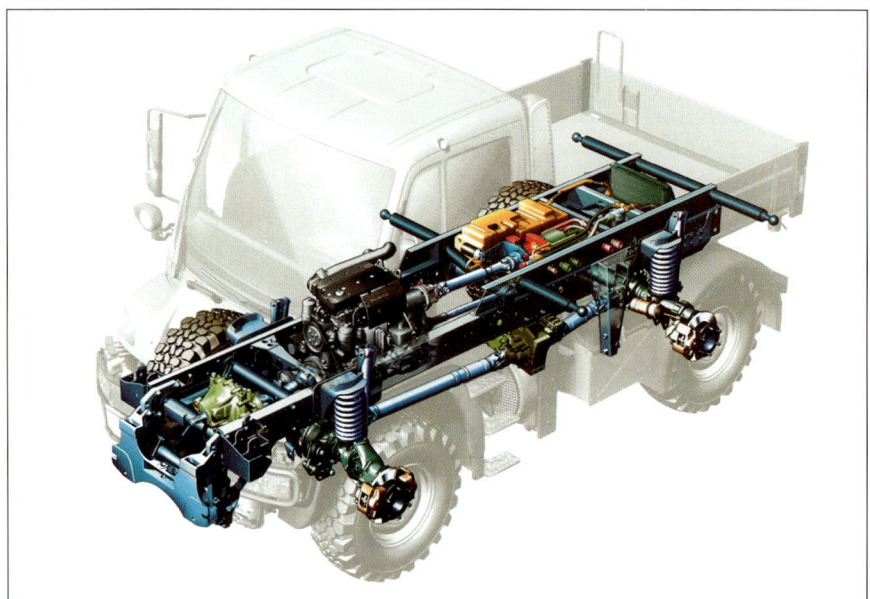
Unimog-Konzept 2000

Der vordere Anbauraum ist mit zwei Geräten optimal genutzt

U 400 mit Bucher-Schörling Kehrmaschine Unifant 40

Die Kraftübertragung erfolgt mit einem 24-Gang-Getriebe, das mit der elektropneumatischen Telligent-Schaltung bedient wird. Das System aus dem Mercedes Lkw-Baukasten ermittelt mit Hilfe der Elektronik die Schaltstufe, die eingelegt wird, wenn die Kupplung getreten wird.

Erstmalig verfügt ein Unimog „nur" über permanenten Allradantrieb und Differentialsperren in den Hinterachsen. Die vorderen Sperren werden als Extra geliefert. Neu ist das Zubehör für spezielle Einsätze. Für den Einsatz als Rangierlok werden Wandlerschaltkupplung oder eine Fernbedienung mit Kabel angeboten.

Neu definiert sind die Aufbauräume. Es gibt vier An- und Aufbaumöglichkeiten: vorn, hinten, in der Mitte und zwischen den Achsen. Eine besondere Vielfalt hat der mittlere Aufbauraum zu bieten. Geräte können hier auf vier Arten montiert werden: auf der Pritsche können vorhandene Ausrüstungen installiert werden. Die Gerätschaften der neuen Generation können auf den Kugelpunkten des Pritschenzwischenrahmens montiert werden. Festaufbauten oder selten gewechselte Maschinen werden auf den durchgehend geraden Rahmenlängsträger montiert.

Zwei Radstände stehen zur Verfügung: der U 300 und 400 wahlweise mit 3080 oder 3600 mm und der U 500 mit 3350 oder 3900 mm. Eine Breite von 2150 bis 2300 mm ist möglich. Die Bauhöhe kann zwischen 2,85 und 2,95 m variieren.

Was mit dem Funmog 1994 gelungen ist, soll für den US-Markt 2002 neu aufgelegt werden. Der zum DaimlerChrysler-Konzern gehörende US-Lastwagenhersteller Freightliner erwägt den Unimog in den Vereinten Staaten als Spaßfahrzeug anzubieten. Aber auch Kommunale Dienstleister und Feuerwehren hat man im Land der unbegrenzten Möglichkeiten als neuen Absatzmarkt im Visier. Freightliner hofft, etwa 1000 Fahrzeuge jährlich in den USA verkaufen zu können.

Gebaut wird der Unimog noch in Gaggenau. Die Ära geht 2001 dem Ende entgegen. Nach einem halben Jahrhundert Unimog-Produktion beschließt der Konzern den Umzug nach Rastatt.

Wer einen klassischen Unimog mit Betonung auf extreme Geländeeigenschaften sucht, kann sich weiterhin in den Baureihen 427 und 437 bedienen. Die Frage ist nur, wie lange noch?

Unimog als Rangierlok: 1 000 t Zugkraft

VarioPilot: Wechsellenkung für den Einmann-Betrieb

U 400 mit Dammann-Aufbauspritze

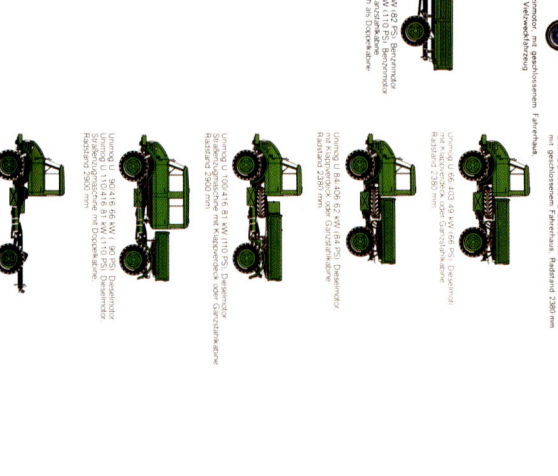
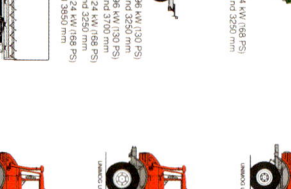
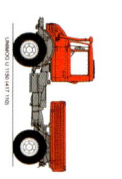
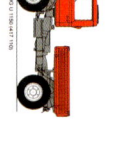
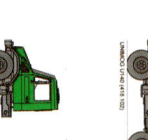
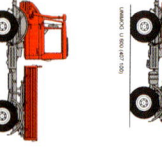
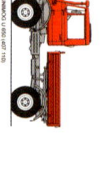

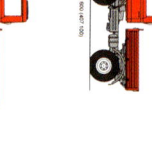

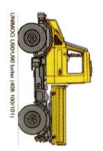

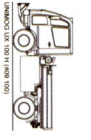

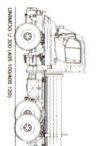
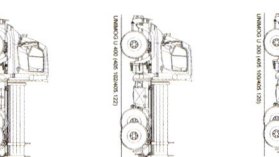

UNIMOG Typen-/Baumusterübersicht 1950–2001

MB trac

**Baumuster 440-441-442-443
1972-1991**

Das Unimog-Programm umfasst 1966 mit der Vorstellung der Baumuster 421 und 403 ein Leistungsspektrum von 34 bis 70 PS. Der Unimog ist als Zugmaschine 53 km/h (U 34, U 40) oder 65 km/h (U 54, U 70) schnell. Doch der Einsatz als Schlepper und Geräteträger in der Landwirtschaft kommt zu dieser Zeit an seine Grenzen.

Die Ansprüche im Agrarbereich haben sich seit der Einführung des Unimog gewandelt. Zunehmend wirken sich die politischen und gesetzlichen Einflüsse auf die Landwirtschaft aus. Ein Ansteigen der Einkommensentwicklung außerhalb der Landwirtschaft führt zur Auflösung vieler kleinbäuerlicher Betriebe. Den verbleibenden Bauern wird Massenproduktion und Spezialisierung propagiert. Eine Vergrößerung der Betriebe ist unausweichlich.

Marktuntersuchungen zeigen, dass die Schnellaufeigenschaften und die Ladepritsche des Unimog nur bedingt im landwirtschaftlichen Sektor zu vermarkten sind. Um die Wettbewerbsfähigkeit von Daimler-Benz auf diesem Sektor zu erhalten, gilt es, eine langsam fahrende Arbeitsmaschine zu entwickeln, die gezielt die veränderten Arbeitsbedingungen und -anforderungen der Landwirtschaft berücksichtigt.

Wie kann das neue Produkt auf dem hart umkämpften Ackerschleppermarkt mit relativ geringer Stückzahl kostengünstig produziert werden? Voraussetzung ist, dass bei der Konzeption des neuen Fahrzeugs auf vorhandene Unimog-Aggregate und Bauteile zurückgegriffen wird. Zusätzlich sollte es möglich sein, einen erheblichen Teil auf den vorhandenen Fertigungseinrichtungen in Gaggenau zu produzieren.

Als Vorgaben für die neue Arbeitsmaschine werden sieben wesentliche Punkte festgelegt:
- Allradantrieb über vier gleich große Räder
- bewährte Gewichteverteilung (wie bei dem Unimog: 2/3 vorn 1/3 hinten)
- Höchstgeschwindigkeit von 25 km/h
- Geräteanbau und -betrieb hinten, Mitte und vorne
- starre Hinterachse (für höhere Hubkräfte und exakte Geräteführung)
- Regelhydraulik
- zentrale Sitzanordnung

In Gaggenau wird das Vorhaben in der Anfangsphase mit Ideen, Vorschlägen und Skizzen besonders von der unteren Führungsmannschaft mit großer Leidenschaft unterstützt. Besonderen Einsatz zeigt der gelernte Agraringenieur Gustav Krettenauer (Vertrieb). Nach einem Abstimmungsprozess 1967 mit dem Werkleiter Fr. Rummel ist ihm zu verdanken, dass ein „Prototyp einer landwirtschaftlichen Arbeitsmaschine" gebaut wird.

Der interne Versuchsauftrag vom 25. März 1968 mit der Nr.: 66 389 31 0161 lautet (Auszug): „Für eine 60-PS-Ackerbaumaschine, die aus Unimog-Aggregaten aufzubauen ist, ist nach Vorgaben der Unimog-Konstruktion und des Verkaufs eine Anschauungsattrappe zu erstellen, die der weiteren Diskussion über Markteinführung eines solchen Typs dienen soll."

Konstrukteur Martin Tegtmeier wird mit dieser Aufgabe betraut, nachdem der Unimog-Konstruktionschef Heinrich Rößler sich weigert, das Projekt „MB-trac" weiter zu entwickeln. Tegtmeier hat Erfahrungen aus der Entwicklung des Baumusters 406. Um ein konstruktionsreifes Konzept zu entwickeln, gilt es, die Vorarbeiten und Vorschläge zu sondieren.

Die Entwürfe für den Prototyp sind zum Jahresende 1968 erstellt. Das Konzept ist weitestgehend festgelegt: vier gleich große Räder, Rahmenbauweise und der Arbeitsplatz des Fahrers in der Mitte des Fahrzeuges. Bereits im April 1969 ist der erste Prototyp fahrfertig.

Die Entwicklung der Arbeitsmaschine mit der internen Bezeichnung „A 60" beginnt im August 1970. Einen Monat

1968: Erstes Fahrgestell der Ackerbaumaschine

Prototyp, noch ohne Fahrerhaus

Oktober 1971: Versuche im Forst

DLG 1972: MB trac 65/70

1972: MB trac 65/70 – Kabine serienmäßig

1972: MB trac 65/70 – moderner Arbeitsplatz

MB trac – optimale Lastverteilung

später werden gezielte Kostenschätzungen und Kostenvergleiche mit dem Baumuster 403 erstellt. Die ersten Praxistests mit dem Prototyp können im November 1970 auf schweren Böden in den Niederlanden durchgeführt werden.

Das erste Versuchsfahrzeug ist im April 1971 fahrfertig. Die Erkenntnisse aus den Erprobungen in der Praxis führen zum Bau eines zweiten Fahrzeuges, das bereits im August 1971 mit erheblichen Veränderungen fertig gestellt wird.

Gestoppt werden diese Arbeiten in der Hauptversammlung des Konzerns im November 1971. Ein Daimler-Benz-Mitarbeiter bewertet das Projekt der neuen Arbeitsmaschine negativ. Die Entwicklung wird umgehend eingestellt. So muss das erste Vorserienfahrzeug in den Gaggenauer Versuchshallen ruhen.

Verhandlungen werden in der Zwischenzeit mit dem Allrad-Spezialisten Steyr in Österreich aufgenommen. Das Ziel soll eine Kooperation sein, um das Projekt der Ackerbaumaschine nicht sterben zu lassen.

Martin Tegtmeier berichtet: „Im Geheimen und in Schwarzarbeit haben wir trotzdem weiter entwickelt." Aus Insiderkreisen wird bekannt, dass Klöckner-Humboldt-Deutz (KHD) in Köln ein neuartiges Systemfahrzeug mit dem Namen „Intrac" konzipiert und auf der DLG 1972 in Hannover präsentieren will.

In Gaggenau ist man bemüht, dem Vorstand zu erklären, dass die entwickelte Ackerbaumaschine die richtige Antwort auf den neuen „Intrac" von Deutz sein könnte. Der Leiter der Verkaufsförderung, Dr. Frowin Störkle, engagiert sich besonders. Mit Erfolg: Daimler-Benz wird den neuartigen Ackerschlepper mit dem Namen „MB-trac" (Mercedes-Benz-tractor) auf der DLG erstmals der Öffentlichkeit präsentieren.

Die Zeit für die Vorbereitung ist knapp. Nur sechs Wochen bleiben, um aus den eingemotteten Prototypen einen „messereifen" MB-trac auf die Räder zu stellen. In zusätzlicher Nacht- und Wochenendarbeit gelingt es, „mit noch feuchter kieselgrauer Farbe" Hannover rechtzeitig zu erreichen.

Mit einem großflächigen Ausstellungsstand präsentiert Daimler-Benz das Unimog-Ackerschlepper-Programm in Hannover. Ganz für sich allein steht unter der

MB trac: Fronthydraulik und dritter Anbauraum

„Betonschwinge" ein Fahrzeug mit dem Schild „Neuheit" vor den Ackerschlepperreifen. Der erste MB-trac mit der Typenbezeichnung 65/70 stellt sich in Hannover erstmals den Urteilen der Landwirte, Agrar-Fachleute und Journalisten.

Das Revolutionäre an dem Allrad-Ackerschlepper in Rahmenbauweise sind die großen Lastwerte. Unter der vorderen Haube sitzt der 65-PS-Motor OM 314. Den Kühler ziert der Mercedes-Stern. Zwischen den beiden Portalachsen ist im schwingungsneutralsten Bereich – in der Mitte – der Fahrersitz untergebracht. Neuartig und richtungsweisend befindet sich der Arbeitsplatz erstmals serienmäßig in einer Kabine. Wenn auch vielfach über das „fahrende Telefonhäuschen" gespottet wird, setzt Daimler-Benz doch Impulse für die Landtechnik.

Ein weiteres Novum ist die optimale Kraftübertragung mit vier gleich großen Rädern. Der MB-trac hat im statischen Zustand das Hauptgewicht auf der Vorderachse (60 Prozent). Beim schweren Zug sind dann, bedingt durch die Achslastverteilung, beide Achsen gleichmäßig stark belastet. Der Vorteil ist die optimale Gewichtsverteilung von 50 bis 50 Prozent, die gerade schwere Anbaugeräte an den Schlepper stellen.

Der MB-trac arbeitet ohne Voreilung an der Vorderachse, und so legen Vorder- und Hinterrad den gleichen Weg zurück. Die Vorderräder hinterlassen ein vorgefertigtes Spurband, in dem die Hinterräder guten Halt finden. Auf diese Art erreicht man den „Multipasseffekt".

Eine leistungsstarke Hydraulikanlage versorgt Front- und Heckkraftheber. Mit der Front- und Heckzapfwelle und dem hinteren Anbauraum sind erstmals Gerätekombinationen möglich, wie z.B. die Aufnahme von Spritzfässern oder Saatgutbehältern, die aus der Landwirtschaft unserer Tage nicht mehr wegzudenken sind.

Viele Interessierte, Fachleute und Journalisten geben Prognosen über Nutzen und Erfolg, über Einsatzmöglichkeiten und Zukunftsaussichten des „Neulings" ab. Die Weissagungen bescheiden dem MB-trac nur ein kurzes Leben. Denkbar ist für die Skeptiker nur ein Überleben des „System-Schleppers" in einer Marktnische mit einem bescheidenen Platz in der Zulassungsstatistik.

Dieses vernichtende Urteil gilt auch für das von KHD neu vorgestellte Schlepperkonzept „Intrac", einer Ableitung vom Standardschlepper. Lediglich den Arbeitsplatz des Schlepperfahrers hat man von hinten mit einer Kabine über den Motor verlagert. Gemeinsam haben die „trac"-Schlepper den gleichen Leistungsbereich, einen dritten Anbauraum und die Möglichkeit – wie schon beim Unimog –, mehrere Arbeitsgänge zusammen zu fassen. Unangefochtener Sieger in Sachen Zugkraft ist aber der MB-trac.

Wahre Begeisterung löst das neue Konzept aber bei Bauern, Praktikern der Landwirtschaft und langjährigen Unimog-Kunden aus. Für sie zählen die Vorteile des neuen Konzeptes: eine Arbeitsmaschine mit hoher Zugkraft, großen Rädern, geringem Bodendruck bei hoher Traktion, niedrige Geschwindigkeit und guter Gangabstufung, optimalen Anbauräumen und einem innovativen Arbeitsplatz.

Von einem grandiosen Ausstellungserfolg berichtet auch Gustav Krettenauer: „...der Andrang und das Interesse 1972 auf der DLG war so riesig, dass ich Verstärkung vom Wachschutz Gaggenau anforderte. Es gab bis dato keine Messe mit nur Unimog-Beteiligung, die ein derartiges Publikumsinteresse an den Tag legte." Ein Riesenerfolg sind auch die verbindlichen Bestellungen. Von mehr als 350 Aufträgen berichtet Gustav Krettenauer. Die Kunden bestellen „fast blind". Vieles ist noch nicht fertig und ein Liefertermin noch ungewiss.

Mit dem Direktionsbeschluss Nr. 6231 vom 3. Juli 1972, der den Bau von zwanzig Vorserienfahrzeugen vorsieht, wird der Weg zur Serienfertigung geebnet. Diese beginnt ein Jahr später, am 1. Juli 1973. Eine zeitgleich laufende, groß angelegte Werbeaktion und die glanzvolle Vorstellung des MB-trac im Kurhaus Baden-Baden vor Vertretern der Presse, der Fachwelt und potentiellen Käufern sorgen für Furore.

Von dem MB-trac werden 1973 in der Farbgebung kieselgrau/rot 520 Exemplare des Typs 65/70 gefertigt. Ein Jahr später sind es bereits 1100 Einheiten des internen Baumusters 440.161, die das Band in Gaggenau verlassen.

1973: Pressevorstellung des MB trac 65/70 durch Dr. Staelin im Kurhaus Baden-Baden

Eine Programmerweiterung der besonderen Art wird auf der DLG 1974 präsentiert. In einer völlig geänderten Form- und Farbgebung wird der „große Bruder" des 65/70 präsentiert. Der Prototyp mit der Bezeichnung „95/105" zeigt eine weitere Variante des trac-Konzeptes mit erheblicher Leistungssteigerung. Obwohl die Prospekte schon gedruckt sind, bleibt es zunächst bei dem Prototypen. Bis zur Realisierung werden noch weitere zwei Jahre vergehen.

Ein neues Aufgabenfeld des MB-trac wird auf der Hannover-Messe 1975 gezeigt. Der 65/70 kann außerhalb der Landwirtschaft seine Zugkräfte auf den Arealen der Industriebetriebe einsetzen.

Ähnlich wie beim Unimog ist die Entwicklungs-Mannschaft des MB-trac mit den Geräteherstellern bemüht, spezifische Zusatzausrüstungen und Anbaugeräte zu entwickeln. Hier gelingt es der Firma Werner & Co, Trier-Ehrang, ein Forstpaket zu entwickeln, das den Allrad-Schlepper als ein Optimum für die schwere Arbeit im Wald darstellt.

Eine erste Erweiterung des Programms erfolgt im August 1975 mit dem MB-trac 800. Der Vier-Zylinder-Diesel OM 314 ist mit einer Leistung von 72 PS das neue Flaggschiff der „leichten Baureihe". Neben einem überarbeiteten Fahrerhaus hat sich auch die Farbgebung geändert: grün. Das neue Baumuster 440.163 kann unter dem Blech mit einer größeren Achsübersetzung und einer verbesserten Gangabstufung punkten. Neu ist auch die Sonderausstattung mit einem Schnellgang.

Der MB-trac 65/70 wird im Dezember 1975 nach 2714 Exemplaren eingestellt. Sein Nachfolger mit der vereinfachten Typenbezeichnung „MB-trac 700" ist bereits seit dem 1. August 1975 erhältlich. Mit der neuen Farbgebung des 800er und der geänderten Kabine treten die beiden Schlepper in das Rennen um die Marktanteile. Der 700er mit der Baumuster-Bezeichnung 440.162 verfügt mit dem Vier-Zylinder-OM 314-Triebwerk von unverändert 65 PS.

Mit der Markteinführung des 700er und 800er wird erstmals die Wandlerschaltkupplung vorgestellt. Der Vorteil des ruckfreien Anfahrens beim Ziehen schwerer Lasten wird durch die Verdopplung des Drehmomentes erreicht. Dies wird beim Einsatz im Industriebereich gefordert.

Dem vielfachen Wunsch nach einem MB-trac mit reduzierter Gesamthöhe wird

1974: Prototyp des MB trac 95/105

dringen die Typen 1100 und 1300. Aus den Aggregaten der schweren Unimog-Baureihe sind die beiden neuen MB-trac konzipiert und weiter entwickelt worden – mit den bekannten Vorgaben der „leichten Baureihe".

Der Sechs-Zylinder-OM 352-Motor des MB-trac 1100 leistet 110 PS mit einem maximalen Drehmoment von 363 Nm bei 1600 U/min. Mit einem zusätzlichen Abgasturbolader wird der OM 352 in dem MB-trac 1300 auf 125 PS aufgeladen und erreicht ein Drehmoment von 393 Nm bei 1600 U/min.

Speziell entwickelt für die schwere Baureihe ist das neue Gruppen-Synchron-Getriebe, das aus einer Hauptgruppe mit sechs Gängen und einer Arbeitsgruppe mit acht Gängen eine Endgeschwindigkeit von

mit einem speziellen „Grünlandschlepper" entsprochen. Mit einer Niedrigkabine, die bis zum April 1983 bei der Firma Walter Mauser, Breitenau/Österreich gefertigt wird, kann das Ziel erreicht werden. Erst ab 1983 erfolgt die Fertigung der Sonderkabine in Gaggenau.

Zum Jahresende 1975 gibt es einen besonderen Grund zum Feiern in Gaggenau. Der 3000ste MB-trac hat die Fabrikhallen verlassen.

Rechtzeitig zum Jubiläum „25 Jahre Schleppertechnik im Hause Daimler-Benz" feiert die „schwere Baureihe" während der DLG-Ausstellung 1976 in München Premiere. In einen neuen Leistungsbereich

1975: MB trac 65/70 als Industrie-Zugmaschine

Unimog & MB trac **123**

Umbau von Hoes, Oldenburg: MB trac Baggerlader

Bewährt im Forst: MB trac

Mauser-Niedrigkabine für den „Grünlandschlepper"

40 km/h erreicht. Eine zweite mögliche Variante verfügt über zwölf Gänge mit einer Spitzengeschwindigkeit von 25 km/h. Optional ist ein Schnellgang von 32 km/h möglich.

Eine Erweiterung um sechs Kriechgänge ist möglich, wenn das Getriebe mit einer Planetengruppe nachgerüstet wird. Durch Umlegen eines Hebels können alle Gänge auch rückwärts mit der annähernd gleichen Geschwindigkeit gefahren werden. Häufige Vorwärts- und Rückwärtsfahrten werden durch die völlig synchronisierte Umschaltung erheblich erleichtert.

In Verbindung mit dem neu entwickelten Drehsitz wird die schwere Baureihe mit dem vollsynchronisierten Wendegetriebe erstmals zu einem echten Zweirichtungsschlepper. Ob als Alternative zum Selbstfahrer oder im Forsteinsatz werden dem System-Schlepper völlig neue Einsatzmöglichkeiten offeriert.

Die Hydraulik verfügt nicht nur über einen serienmäßigen Freigang-Kraftheber mit mechanischem Raddruckverstärker „Servotrac", sie kann auch zusätzlich mit einem Unterlenker gesteuerten Regelkraftheber, mit Zugwiderstands-, Lage- und Mischregelung ausgestattet werden.

Auf der Interforst in München wird 1978 eindrucksvoll der Forsteinsatz der schweren Baureihe demonstriert. Um für die Arbeit im Wald gewappnet zu sein, ist eine staatliche Zahl von Umbaumaßnahmen erforderlich, die von der Firma Werner & Co. durchgeführt werden.

Nach Landwirtschaft, Forst und Industrie wird der MB-trac auch für Kommunen interessant. Mit der speziellen orange/schwarzen Farbgebung und einer Pritsche hinter der Kabine tritt er in Konkurrenz zu dem Produkt aus dem eigenen Haus – dem Unimog.

Bei seiner Vorstellung 1979 wird auch die im Vorfeld gemeinsam mit den Geräteherstellern entwickelte Ausrüstung für dieses Aufgabenfeld präsentiert. Hier ist es besonders die Firma Schmidt, St. Blasien, die den Ganzjahreseinsatz des MB-trac 700 K ermöglicht.

Im April 1979 läuft der 10 000ste MB-trac in Gaggenau vom Band.

Ein neues Flaggschiff der schweren Baureihe wird im Juli 1980 präsentiert. Mit 150 PS wird der MB-trac 1500 vorgestellt. Das interne Baumuster 443.162 kann die Motorleistung mit einem vollsynchronisierten Schaltgetriebe umsetzen. Zwölf Vorwärts- und Rückwärtsgänge erlauben eine optimale Abstufung. In Verbindung mit dem Drehsitz werden die MB-trac 1500 und 1300 zur echten Alternative zum Selbstfahrer. Bei einem Einsatz über das ganze Jahr hinweg kann bei dem MB-trac ein wesentlich höherer Auslastungsgrad erzielt werden.

Während der NORLA 1981 in Rendsburg überrascht Daimler-Benz mit dem MB-trac 900 turbo. Mit Hilfe eines Abgasturboladers kann der Vier-Zylinder-OM 314 A auf 85 PS Leistung gebracht werden. Mit einem neuen Getriebe und geänderter Schaltanordnung soll der trac die letzte Lücke im Angebotsbereich schließen. Mit dem internen Baumuster 440.164 läuft der MB-trac 900 turbo ab September 1981 in Gaggenau vom Band.

„10 Jahre MB-trac" heißt das Jubiläum, das 1982 während der DLG in München gefeiert wird. Hierzu hat man eine besondere Premiere vorbereitet. Mit dem leichten Fahrzeugaufbau der unteren Reihe und dem Sechs-Zylinder-Triebwerk OM 352 der schweren Baureihe wird der MB-trac 1000 vorgestellt. Als erster Vertreter der „mittleren Baureihe" holt der Motor aus 5,7 Litern Hubraum bei 2400 U/min eine Leistung von 95 PS.

Eine neue Zwei-Scheiben-Trockenkupplung mit vergrößerten, verschleißfesten Anpressflächen ermöglicht eine sanfte und materialschonende Kraftübertragung. Völlig neu ist das Getriebe. Die Anordnung der Schaltung sowie die kompakte Bauweise bescheren im Fußraum und dem Durchstieg mehr Platz.

Das Aus für den MB-trac 900 turbo kommt im Oktober 1982. Nur 1090 Exemplare werden von dem Baumuster 440.164 produziert. Ab November läuft der MB-trac 1000 vom Band. Seine interne Bezeichnung: 441.161

Eine höhere Belastbarkeit und Lebensdauer will man für die Typen 1300 und 1500 mit einer geänderten Achsübersetzung erreichen. Statt 27:7 wird ein Differential mit der Übersetzung 25:8 verwendet. Einziges Problem ist die Endgeschwindigkeit, die mit mehr als zehn Prozent von der 40 km/h-Grenze abweicht. Hier erbringen die Ingenieure eine besondere Leistung: durch ihren Eingriff wird weder die Leistung noch die Charakteristik des Drehmoments durch die angepasste Motor-

1975 mit neuer Farbgebung: MB trac mit Pöttinger-Häcksler

1976: Vorführung der „schweren Baureihe"

1976: „Schwere Baureihe" mit drei Anbauräumen

MB trac 1100 mit Stoll-Frontlader

MB trac 1100, Vorbereitung als CKD-Bausatz

drehzahl verändert. Eine besondere internationale Ehrung erhalten 1984 die MB-trac-Typen 1300 und 1500. Anlässlich der Royal Show in Stoneleigh/Warwickshire werden sie mit der Goldmedaille der „Royal Agricultural Society of England" ausgezeichnet. Die Preisträger werden ausschließlich im Praxistest ermittelt. Aus dem Kreis der zehn Silbermedaillen-Gewinner wird nur einer Landmaschine Gold verliehen.

Weniger erfolgreich für das Trac-Konzept ist der Mitte der achtziger Jahre vollzogene Wechsel in der Führungsetage in Gaggenau. Fehlende Impulse sind das Zeichen für die Veränderung des Automobilkonzerns, in dem einem Ackerschlepper keine große Zukunft eingeräumt wird.

Erschwerend kommt die Situation auf dem Agrarsektor hinzu, von dem die Landmaschinenindustrie nicht verschont bleibt. Zählt die bundesdeutsche Traktorenindustrie zu dieser Zeit noch weltweit zu den größten, bleibt ihr ein Schrumpfungsprozess nicht erspart. 1980 werden von den deutschen Schlepperherstellern noch 96 072 Traktoren weltweit verkauft. Die Zahl sinkt 1986 auf 74 342 Einheiten ab. Innerhalb der Europäischen Gemeinschaft ist ein Rückgang von 32 Prozent zu beobachten.

So kommt es Mitte der achtziger Jahre in der gesamten Landmaschinenindustrie zu einem Konzentrationsprozess. International Harvester wird von Case übernommen, Ford und New Holland kooperieren. Weltweit haben alle Traktorenhersteller deutliche Überkapazitäten, zum Teil laufen die Werke nur mit einer Auslastung von 50 Prozent.

Das Nachrichtenmagazin „Der Spiegel" berichtet in der Ausgabe 49 vom 1. Dezember 1986 u.a. über das Fusionsfieber der deutschen Unternehmen. Ein Satz beunruhigt Händler und Kunden des MB-trac gleichermaßen: „Das Geldhaus (gemeint ist die Deutsche Bank) half auch Klöckner-Humboldt-Deutz beim Erwerb der Motoren-Werke-Mannheim und jetzt bei der Übernahme der Traktorensparte von Daimler-Benz." Die Gerüchteküche brodelt, hat KHD vor kurzer Zeit verkündet, man werde im landtechnischen Bereich nur noch Kapazitäten kaufen, um sie zu vernichten.

Deutz und Daimler-Benz treten die Flucht nach vorn an und veröffentlichen eine gleichlautende Presseinformation, in der es heißt, dass beide Unternehmen beabsichtigen, „ihre Aktivitäten auf dem Gebiet der vorwiegend in der Landwirtschaft genutzten Trac-Schlepper zusammenzuführen. Angesichts grundlegend veränderter Wettbewerbsverhältnisse auf den internationalen Märkten soll damit die Zukunft dieser Schlepper-Konzeption (Allradantrieb, vier gleich große Räder) gesichert und das bewährte Konzept im Interesse der Kunden weiter entwickelt werden."

Weiterhin wird erklärt, dass die bereits unterzeichnete Absichtserklärung beider Unternehmen vorsieht, „gemeinsam eine einheitliche Trac-Familie von Allradschleppern im Leistungsbereich von 70 bis 200 PS für die neunziger Jahre" zu entwickeln. Wichtig für Kunden und Händler ist die Aussage: „...bis zum Anlauf der geplanten Nachfolge-Baureihe werden beide Hersteller ihre heutigen Schlepperprogramme weiterentwickeln und bauen."

Auf getrennten Tagungen versuchen Daimler-Benz und KHD die Gemüter zu beruhigen. Es bleiben aber einige Zweifel, denn Daimler-Benz hat 1986 etwa 3 000 MB-trac gefertigt. Für die Stuttgarter-Konzernleitung sicher eine zu geringe Stückzahl. Bei KHD hat man im Gegensatz dazu im gleichen Zeitraum nicht über 100 IN-trac-Schlepper produziert. Noch bleiben Fragen zum gemeinsamen Vertriebsweg, der Produktion und der gemeinsamen Entwicklung offen. Wer produziert die neu zu entwickelnde Traktorenreihe, welcher Motor (luft- oder wassergekühlt) kommt zum Einsatz? Vieles bleibt jedoch noch ungeklärt.

In Gaggenau konzentriert man sich im Frühjahr 1987 auf die Präsentation der neuen Baureihe. Neues Styling, neue Motoren, drei neue Typen und zahlreiche Detailveränderungen sind das Merkmal der neuen Baureihe. Ab April sind die acht Allradschlepper auf großer Deutschland-Tournee:

leichte Baureihe (4 Zylinder)
- MB-trac 700 mit OM 364, 68 PS
- MB-trac 800 mit OM 364, 78 PS
- MB-trac 900 mit OM 364A, 90 PS

mittlere Baureihe (6 Zylinder)
- MB-trac 1000 mit OM 366, 100 PS
- MB-trac 1100 mit OM 366, 110 PS

MB trac 1300 – Alternative zum Selbstfahrer

schwere Baureihe (6 Zylinder)
- MB-trac 1300 turbo mit OM 366 A 125 PS
- MB-trac 1400 turbo mit OM 366 A 136 PS
- MB-trac 1600 turbo mit OM 366 A 156 PS

Erstmalig ist das äußere Erscheinungsbild aller Baureihen einheitlich. In der leichten und mittleren Baureihe gibt es lediglich eine Ausbuchtung der Motorhaube nach oben. Unter ihr befindet sich der Kühlereinfüllstutzen. Die Motorhaube der schweren Baureihe ist im Styling der leichten angepasst. Der Vorteil ist nicht nur eine einheitliche Optik. Durch das negativ angestellte und feinmaschige Kühlergitter kann die bei den Vorgängern der schweren Baureihe häufig benutzte Kühlerschutzmatte (Häckslergitter) entfallen.

Einheitlich ist auch der Aufstieg der Typen 1400 bis 1600 turbo mit drei Stufen. Der linke Aufstieg kann für die Wartung von Batterie und Bremsanlage aufgeklappt werden. Auf der rechten Seite befindet sich unter dem Aufstieg der neue Kunststofftank mit einem Fassungsvermögen von 240 Litern Diesel.

Die neuen Motoren der Baureihen OM 364 und 366 haben eine einheitliche Kurzcharakteristik: mehr Leistung bei geringerem Kraftstoffverbrauch, Nenndrehzahl von 2 400 U/min, hohe Drehmomentanstiege durch „Büffelcharakteristik", enger P-Grad für schnelle Reaktionen bei Lastenwechseln, zusätzliche Durchzugskraft und Drehzahlsteifigkeit bei Zug- und Zapfwellenarbeit.

Die überarbeiteten Getriebe sind leichter schaltbar. Die leichte und mittlere Baureihe ist mit der „Pneumo Power-Schaltung" ausgestattet. Ein synchronisiertes Planetgruppengetriebe mit gleichen Vorwärts- und Rückwärtsgängen kommt in der schweren Baureihe zum Einsatz.

Erstmals erhält die mittlere Baureihe einen Getriebeölkühler. Neben der serienmäßigen Krafthebeanlage ist als Sonderausstattung für die mittlere und schwere Baureihe eine EHR (elektronische Hubwerksregelung) erhältlich.

MB trac 1300: Erdbewegung in zwei Richtungen mit Drehsitz

MB trac 1500 mit Rauch-Aufbauspritze und Terra-Bereifung

1981: Neue Kabine im OECD-Test

MB trac 1500 – im Jahr 1980 das Flaggschiff

MB trac 1300 – bei Lohnunternehmern beliebt

Neu in der Komfortsicherheitskabine ist der Traktormeter. Das Kombiinstrument hat eine digitale Geschwindigkeitsanzeige in Durchlichttechnik – erstmals im Schlepperbau.

Aus der Absichtserklärung zwischen Daimler-Benz und KHD ist im April 1987 eine Neu-Strukturierung des Traktoren-Vertriebs geworden. Zwei Gesellschaften werden gegründet, an der die KHD AG mit 60 Prozent und die Daimler-Benz AG mit 40 Prozent beteiligt sind.

In Köln hat die Trac-Technik-Entwicklungsgesellschaft mbH (TTE) die Aufgabe, einen Trac-Nachfolger zu konzipieren. Der Vertrieb der acht MB-trac und zwei IN-trac-Modelle in Gaggenau firmiert unter dem Namen „Trac-Technik-Vertriebsgesellschaft mbH" (TTVG). Produziert werden die MB-trac weiterhin in Gaggenau und der IN-trac in Köln.

Bei der Entwicklung der Nachfolger-Reihe gibt es Probleme. Die ursprüngliche Absicht von KHD, das vorhandene IN-trac-Konzept mit leichten Änderungen zum MB-Nachfolgeprogramm werden zu lassen, muss verworfen werden. Das Problem ist der IN-trac, der weder technisch noch preislich überzeugen kann. Die äußerst geringe Nachfrage führt 1990 zu der endgültigen Produktionseinstellung des IN-trac in Köln.

Das nächste Ziel soll ein völlig neu konzipierter Nachfolger sein, der aus einem engen Korsett entstehen soll. Die Bauteile des neuen Trac sollen überwiegend aus Bauteilen des Standardschleppers bestehen. Nur so, ist die Ansicht, kann gewährleistet werden, dass der Trac-Nachfolger preiswert produziert und rentabel verkauft werden kann. Eine erste Modellstudie, die zum Jahresende 1989 intern vorgestellt wird, besteht aus Serienteilen. Dieser selbstauferlegte Sparzwang kann aber den hohen Ansprüchen der Praxis nicht genügen.

Die TTE legt Anfang 1990 ein neues Konzept vor, in dem die Forderungen der Praktiker an den Trac-Nachfolger berücksichtigt sind: größere Räder, engerer Wendekreis, verbesserte Fahrdynamik und mehr Elektronik. Nach eingehender Kalkulation steht fest, dass ein Verkaufspreis des Nachfolgers zehn bis zwanzig Prozent über dem aktuellen MB-trac liegen wird. Beide Gesellschafter sind sich einig, dass keine Kompromisse des technischen Konzepts zugunsten einer verbesserten Rentabilität zu verantworten sind.

Sorgen des Jahres 1990: kein geeigneter Nachfolger und den Verantwortlichen sind die jährlichen Verkaufszahlen des MB-trac zu gering. Selbst nach der veränderten politischen Lage vertritt man die Ansicht, dass auch der erwartete Bedarf der neuen Bundesländer nicht ausreicht, ein neues Trac-Konzept zu finanzieren. Fazit: Mit dem Aus für den Nachfolger wird gleichzeitig das Ende des MB-trac an-

MB trac mit Trenkle-Hochdrucknaßreinigungsgerät

MB trac 1500 mit Bredal-Kalkstreuer

MB trac 900 als Bus in Ribe (Dänemark) im Einsatz

MB trac – Ballentransport mit Reermann-Zangen

gekündigt. KHD lässt hierzu im November 1990 verlauten: „Die Einstellung der MB-trac-Produktion zum Jahresende 1991 war und ist Bestandteil des 1987 geschlossenen Kooperationsvertrages."

Für Daimler-Benz gibt es noch ein hauseigenes Problem. Der MB-trac wird gemeinsam mit dem Unimog auf einer Fertigungsstraße in Gaggenau produziert. Je nach Auftragseingang stehen die verschiedenen Trac-Typen hier auf dem selben Montageband bunt gemischt mit den Unimog-Typen.

Eine neue Unimog-Generation soll zum Jahresbeginn 1992 in der leichten und mittleren Baureihe auf den Markt gebracht werden. Die neuen Baumuster 408/418 sind technisch weitgehend überarbeitet. Der MB-trac passt konstruktiv nicht mehr in die Fertigung und der Platz in der Gaggenauer Fabrik ist zu knapp.

Im Sommer 1990 wird der letzte „große Wurf" der TTVG vorgestellt. Der MB-trac 1800 intercooler signalisiert, dass der Trac mit dem Stern noch lebt und entwicklungsfähig ist.

Die Entwicklung eines 180 PS starken MB-trac beginnt bereits 1985 in Gaggenau. Seit der Kooperation mit KHD wird diese aber im Prototypen-Stadium eingestellt.

Mit der Öffnung der neuen Bundesländer wird der Trend zu mehr PS immer stärker. Zahlreiche Traktorenhersteller blasen zum Sturm auf die Oberklasse. Grund genug für die TTVG, im Sommer 1989 über eine 180-PS-Variante der schweren Baureihe nachzudenken. Das Ergebnis wird im Juni 1990 als MB-trac 1800 intercooler auf der Nordagrar in Hannover vorgestellt.

Für das neue Flaggschiff ist auf der Basis des OM 366 A eine neue Motorvariante mit Ladeluftkühlung entwickelt worden. Das Besondere ist, dass die durch den Turbolader erhitzte Luft schon vor dem Wasserkühler wieder heruntergekühlt wird. Erst dann gelangt die Luft zu den Zylindern. Durch die kühlere und damit dichtere Verbrennungsluft wird ein noch höherer Füllungsgrad der Zylinder und eine noch bessere Leistungsausbeute erreicht. Die Motorleistung von 180 PS wird bei einer Nenndrehzahl von 2 400 U/min erreicht. Das maximale Drehmoment beträgt 645 Nm im Drehzahlbereich von 1300 bis 1700 U/min. Der Drehmomentanstieg liegt bei 22,8 Prozent.

1987: Neues Styling, neue Motoren und drei neue Typen

MB trac 1000 mit Rundballenpresse

MB trac 1000 mit Forstausrüstung

1987 neu im Programm: IN trac

MB trac 900 bei der Getreideernte

Neu im Schlepperbau ist die erstmals eingesetzte Ölkühlung für das Zapfwellengetriebe. Mit der separaten Kühlung soll eine höhere Lebensdauer des Getriebes erreicht werden. Eine weitere Neuheit ist die elektronische Hubwerksregelung „TERRACONTROL". So ist es möglich, Gewicht von dem Gerät auf die Hinterachse zu übernehmen. Der Vorteil: weniger Boden wird verdichtet und der Schlupf wird minimiert.

1987: Armaturentafel mit digitaler Anzeige

Verblüfft ist man vom Ansturm auf das Flaggschiff. In den nur knapp 30 Monaten der Produktion können trotz einer Lieferfrist von bis zu vier Monaten 190 Einheiten des 1800 intercooler verkauft werden.

Aber auch das übrige Programm erfreut sich, seitdem das Produktionsende feststeht, großer Nachfrage. Während der gesamte Markt über den Rückgang der Verkaufszahlen klagt, werden in Gaggenau 1991 fast 2000 MB-trac gefertigt. Der Inlandsanteil mit 1700 Schleppern erhöht sich um stolze 15 Prozent. Ein Beweis für die Akzeptanz des MB-trac ist das „Vorratskauf-Verhalten", ein seltenes Phänomen – nicht nur in der Landmaschinenbranche.

Ungewöhnlich für ein Produkt mit dem Stern sind die Eigentumsverhältnisse im letzten Halbjahr 1991. Gemäß dem Kooperationsvertrag gehen die Daimler-Benz-Anteile im Juni 1991 auf die KHD über. Somit ist der Kölner Konzern bis zum Produktionsende 100-Prozent-Anteilseigner der TTVG in Gaggenau.

Seit der Vorstellung des MB-trac 65/70 im Jahr 1972 bis zur Einstellung am 17. Dezember 1991 sind es weltweit 41 365 MB-trac, die die Werkstore in Gaggenau verlassen haben. Über 90 Prozent sind im Dezember 1991 noch im Einsatz. Daimler-Benz sorgt für ihre Erhaltung. In großformatigen Anzeigen lässt der Konzern mitteilen, dass die Ersatzteilversorgung für den Schlepper aus Gaggenau auch nach dem Produktionsende sichergestellt ist.

Vom Markt verabschiedet man sich passend: „Eine Spur, die noch lange Eindruck machen wird". Fürwahr – auch mehr als ein Jahrzehnt nachdem der letzte neue MB-trac Gaggenau verlassen hat, ist der Gebrauchtmarkt für den MB-trac umkämpfter denn je. Gut erhaltene MB-trac werden immer seltener und der Marktwert solcher Fahrzeuge klettert deutlich über das in der PS-Klasse Üffbliche. Preisdifferen-zen von bis zu DM 10 000,- sind keine Seltenheit.

Ganz vernarrten Fans bleibt noch der Tipp aus der MB-trac-Werbung von 1991, einen MB-trac aus Ersatzteilen zu bauen!

MB trac 1100 mit Bohrgerät

Konkurrenz für den Unimog: MB trac 700 K

MB trac 1100 mit Rauch-Aufbauspritze und Pflegebereifung

Solide Basis: Fahrgestell des MB trac

MB trac 1300 turbo, Bodenschonung bei der Saatbettbereitung

MB trac 1600, Industriezugmaschine

MB trac 1800 intercooler – geballte Kraft

Prototypen des MB trac-Nachfolgers: Sie haben keine Chance, weil sie nicht wirtschaftlich zu produzieren sind (oben)

1990: MB trac-Sonderserie zum Abschied „Family"

Dezember 1991: Ende der Produktion des MB trac

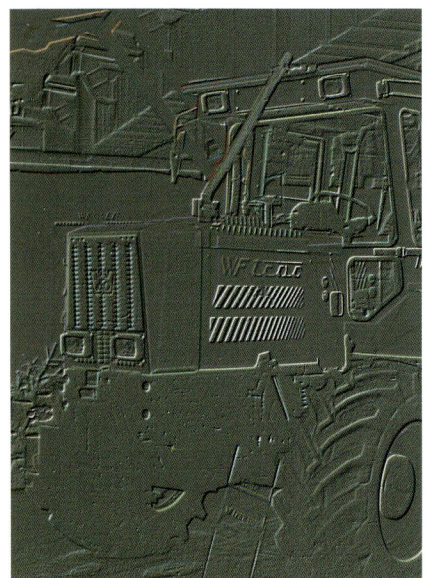

WF trac

Fertigung des WF trac in Trier-Ehrang seit 1993

Schon im Juli 1993 wird über eine Rückkehr des MB-trac in die Schlepper-Landschaft verstärkt gemunkelt. Viele halten eine Neuauflage des MB-trac „im großen Stil" für unwahrscheinlich. Die Baukosten pro Stück werden sehr hoch sein und der Markt für Traktoren ist auch 1993 recht schwierig.

Aus Belgien kommt die Nachricht, dass Ende Oktober 1993 ein MB-trac-Nachfolger vorgestellt werde. Der Schlepper soll in Deutschland gebaut und dem MB-trac „sehr ähnlich" sein. Eine süddeutsche Maschinenbaufirma werde zwei Typen anbieten.

Das Gerücht wird zur Wirklichkeit. In Trier-Ehrang hat die Firma Werner ihren Sitz. Das Unternehmen ist 1902 als Schlossereibetrieb gegründet worden. Seit 1928 beschäftigt man sich mit der Entwicklung von Seilwinden. Mit der Mechanisierung der Landwirtschaft und des Weinbaus beginnt in den fünfziger Jahren die industrielle Fertigung von Seilwinden. 1958 lernen Peter und Hans Werner den Unimog bei einer Vorführung kennen. Sie beschließen, für dieses Fahrzeug spezielle Geräte zu entwickeln. Den Anfang macht 1958 eine Frontseilwinde für den 404 und ein Rückegerät für den 411.

Im Jahr 1967 wird die Entscheidung gefällt, das bisherige Angebot an Seilwinden für Schlepper aller Art aufzugeben und die Produktion auf den Unimog zu spezialisieren. In enger Zusammenarbeit entstehen Seilwinden und Forstausrüstungen speziell für alle Unimog-Typen. Mit der Vorstellung des MB-trac wird ein umfassendes Ausrüstungsprogramm für die Forstwirtschaft aufgestellt.

Die guten Kontakte nach Daimler-Benz und die große Nachfrage aus der Forstwirtschaft ermöglichen eine „Neuauflage" zweier Modelle, dem WF-trac 900 und 1100.

Der große Unterschied zum Vorgänger ist, dass der WF-trac schwerpunktmäßig für die Arbeit im Forst konzipiert ist. Ein Einsatz oder gar ein Kundenkreis im landwirtschaftlichen Bereich wird nicht anvisiert. Auch große Stückzahlen verspricht man sich bei Werner nicht.

Erfahrungen mit der Fertigung von Kleinserien im Fahrzeugbau hat man schon länger. Zu Beginn der neunziger Jahre fertigt man die ersten Unimog-Dreiachser. Serienmäßige Fahrgestelle aus Gaggenau werden in Trier um eine Nachlaufachse ohne Antrieb (6x4) erweitert.

Der Werner-trac wird erstmals auf der Agritechnika 1993 präsentiert. Zwei Varianten haben ihr Debüt: der WF-Trac 900 mit 92 PS und der WF-Trac 1100 mit 105 PS. Hinter dem Kürzel „WF" verbirgt sich die Abkürzung für „Werner-Forst".

Auf den ersten Blick könnte es ein MB-trac der mittleren Baureihe sein, wäre da nicht der vordere Überhang der Fahrzeugkabine. Hinzu kommen die serienmäßigen, seitlichen Arbeitsscheinwerfer, die im oberen Dachholm integriert sind.

Bei näherer Betrachtung ist auch die Gestaltung der Motorhaube geringfügig geändert worden. Passend für den Einsatzzweck ist der seitliche Motorraum mit Blechen geschützt. Auf der Haube ist eine Ausbuchtung für den Motor notwendig. Ein modifizierter Kühlergrill trägt das Werner-Logo.

Die Kotflügel sind auf den Einsatzzweck zugeschnitten worden und können leicht entfernt werden. Ebenfalls serienmäßig sind die Abdeckungen unterhalb des Rahmens, um den Beschädigungen im Forst vorzubeugen.

Um den WF-trac produzieren zu können, ist die enge Zusammenarbeit mit Gaggenau von Vorteil. Viele der Bauteile stammen aus dem Ersatzteillager des Unimog und MB-trac.

Der Motor ist bei beiden Typen identisch. Der OM 364 A – nach Euro-Norm – verfügt im WF-trac 900 über 92 PS und im WF-trac 1100 über 105 PS. Der wassergekühlte Vierzylinder hat 4,0 Liter Hubraum.

WF trac – der Forstschlepper

WF trac mit Werner-Rückezange

Vorder- und Hinterachse sind als Portalachsen ausgelegt und dem Unimog-Programm entnommen. Scheibenbremsen mit je zwei Bremssätteln an allen vier Rädern, die auf Wunsch eine Vollkapselung erhalten, sorgen für ausreichende Sicherheit. Dabei wird schon mit geringstem Pedaldruck die druckluftunterstützte Vierradbremse aktiviert.

Neu ist der Clark-Drehmomentwandler mit 6/3-stufigem Lastschalt-Wendegetriebe. Der Geschwindigkeitsbereich liegt zwischen 2,01 km/h und 40 km/h. Für die Arbeit im Forst stehen sechs Vorwärts- und drei Rückwärtsgänge zur Verfügung.

Das neu gestaltete Fahrerhaus wird von dem Lieferant der MB-trac-Kabine geliefert. Sie ist als Schutzeinrichtung vorgesehen, „ROPS"-geprüft (Roll Over Protectiv Structure) und für einen Überschlag und Umsturz des WF-trac ausgelegt.

Im Innern sorgt ein luftgefederter Sitz mit pneumatischer Lendenwirbelstütze für ermüdungsfreies Arbeiten. Die Steuerung der Forstausrüstung erfolgt in der Regel über zwei Joystick-Steuerhebel, die beidseitig am Fahrersitz angebracht sind. Weitere Bedienungsschalter für die Geräte be-

Komplettes Forstgespann von Werner

finden sich am rechten Türholm. Alle wichtigen Überwachungsinstrumente sind in einer Konsole zwischen Tür und Frontscheibe platziert. Für die Arbeit mit dem Harvester oder dem Rückeaggregat kann optional ein motorisch drehbarer Sitz geordert werden. Eine leistungsstarke Hydraulik und die serienmäßige Front- und Heckzapfwelle sind für die Vielfalt der Anbaumöglichkeiten ausgelegt. Mit den drei Anbauräumen vorn, hinten und hinter der Fahrerkabine hält man bei Werner & Co. ein umfangreiches Geräteprogramm bereit. Für besonders kurze Rüstzeiten sorgt das in Trier-Ehrang entwickelte Schnellwechselsystem.

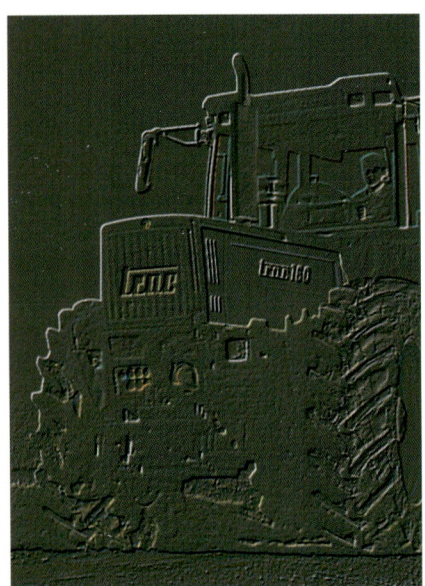

LTS trac
Doppstadt trac

LTS-trac 1995-1996
Doppstadt-trac seit 1999

Erfahrungen im Schlepperbau hat man im ehemaligen VEB. „Fortschritt" in Schönebeck an der Elbe schon seit 1948. Der einzige Traktorenhersteller der DDR fertigte mehr als 121 000 Geräteträger des Typs RS und 90 000 Einheiten des Standardschleppers ZT. Mit der politischen Wende bricht auch der Markt für die Schlepper aus Schönebeck ein. Die Produktion der „Fortschritt"-Traktoren wird 1990 eingestellt.

Unter der Verwaltung der Treuhandanstalt erfolgt 1990 die Umstrukturierung in „LandTechnik AG Schönebeck". Das Überleben soll zunächst der vor der Wende bereits erfolgreich produzierte, selbstfahrende Häcksler sichern. Langfristige Verträge mit Russland und der Ukraine sichern die Produktion bis 1993, jedoch mit einschneidenden Maßnahmen. Von den ehemals 4 700 Beschäftigen sind nur noch 500 Mitarbeiter notwendig, um den ehemaligen „Fortschritt"-Häcksler zu produzieren.

Um den Fortbestand des Werkes zu sichern, ist man bemüht, einen eigenen Schlepper zu entwickeln. Im Frühjahr 1993 wird der „Systra" mit einem ungewöhnlichen Design vorgestellt. Vier Varianten stehen zur Auswahl. Ein mechanisches Getriebe haben die Schlepper mit 50 und 72 PS, die Varianten mit hydrostatischem Antrieb verfügen über 54 und 72 PS. Alle vier Typen sind mit dem luft-ölgekühlten Motor von Deutz ausgestattet. Die gemeinsamen Merkmale aller Systemvarianten sind vier gleich große Räder, Rahmenbauweise, drei Anbauräume und eine großzügig verglaste Komfortkabine. Eine Ausstattung mit Allradlenkung oder automatisch zuschaltbarem Allradantrieb ist möglich. Absatzchancen erhofft man sich neben der Land- und Forstwirtschaft auch im Kommunal- und Industriebereich sowie in der Landschaftspflege. Das einzige, was fehlt, ist ein Vertriebsnetz. Hier ist man bemüht, eine eigenständige Verkaufsorganisation aufzubauen.

Der Spezialist für Großschlepper ist Anton Schlüter aus Freising. In der dritten Generation führt er das Unternehmen, das mit den PS-Giganten eine Marktnische belegt, die jetzt immer mehr von den großen Herstellern bedient wird. Doch der agile 78-jährige Unternehmer hat noch weitere Probleme. Ein Nachfolger fehlt und geplante Kooperationen sind fehlgeschlagen. Das Fabrikgebäude hat er an die Stadt Freising verkauft und muss bis zur Jahresmitte 1994 das Gelände räumen.

Die Schwierigkeiten sind auch der Kundschaft nicht verborgen geblieben. Die ungewisse Zukunft des Werkes hat dazu beigetragen, dass die Verkaufszahlen in den letzten Jahren gesunken sind. Auch die Zahl der Mitarbeiter ist geringer geworden. In guten Zeiten sind es 500, 1993 sind es noch 150 Beschäftigte.

Die letzte Neuentwicklung, die Anton Schlüter als den „einzig legitimen Nachfolger des MB-trac" bezeichnet, wird 1991 als „Euro-Trac" vorgestellt. Die Stückzahlen bleiben unter den Erwartungen. 1992 werden 60 Euro-Trac gebaut. Die Jahresproduktion liegt in diesem Jahr bei 99 Schleppern.

Der gebeutelten Land-Technik Schönebeck macht er im Sommer 1993 überraschend ein Angebot: Die Produktion des Euro-Trac soll ab 1994 bei der LTS fortgeführt werden. Neben der Fertigung soll die Ersatzteilversorgung der früheren Schlüter-Traktoren übernommen werden. Die komplette Produktionsanlage zieht nach Schönebeck um. Die Belegschaft in Freising wird mit einem von Anton Schlüter privat finanzierten Sozialplan abgefunden.

In Schönebeck hat man große Pläne. Eine erneute Namensänderung erfolgt in „Landtechnik Schlüter GmbH". Auch neue Euro-Trac-Varianten sind für 1995 geplant. Die Baureihe soll um zwei leichte Typen mit 90 und 110 PS und eine schwere mit 250 PS erweitert werden.

Der Versuch, den selbstfahrenden Häcksler „Maral" 1994 in Westeuropa zu vermarkten, misslingt. Es zeigt sich, dass der preiswerte Selbstfahrer für die Beanspruchung auf den satten Böden – im Vergleich zu Osteuropa – zu schwach ist.

Mit der Übernahme durch das EFBE-Management zu Jahresbeginn 1995 hofft

1993: LTS Eigenentwicklung Systra

1994: Der Schlüter Euro trac hat in Schönebeck keine Chance

die Treuhand auf eine erfolgreiche Privatisierung der LTS. Die Übernahme in die Lintra-Beteiligungsholding GmbH erfolgt noch im gleichen Jahr. Zugleich werden „einschneidende Maßnahmen" angekündigt: die Produktion des Schlüter-Euro-Trac wird eingestellt. Insgesamt sind es 110 gefertigte Euro-Trac: 72 in Freising und 38 in Schönebeck. Für das neue Management eine unzureichende Auslastung.

Ein neuer, viel versprechender Versuch scheint lukrativer, um im Traktorenmarkt Fuß zu fassen. Um den Weg zu ebnen, erfolgt eine erneute Umbenennung in „LandTechnik Schönebeck GmbH". Die Vision: die Auferstehung des MB-trac in Schönebeck. Verhandlungen mit Daimler-Benz werden aufgenommen und eine Präsentation des Nachfolgers wird bereits zur Agritechnika 1995 angekündigt.

Die Premiere platzt aufgrund von Verhandlungsverzögerungen. Erst zum Jahresanfang 1996 kann das Ergebnis vorgestellt werden. Fünf Jahre nach dem Ende in Gaggenau präsentiert LTS im Sommer 1996 den Nachfolger in Schönebeck.

Das äußere Erscheinungsbild des „trac" bleibt. Lediglich der Stern auf der Kühlerhaube wird durch den goldenen Schriftzug „trac" ersetzt. Ein neues Konzept unter dem alten Blechkleid: ein Tribut an die Weiterentwicklung der Technik in den letzten Jahren, um den gewachsenen Bedürfnissen in der Land- und Forstwirtschaft gerecht zu werden.

Die Kraftübertragung des verbesserten OM 366 A-Motors mit 6-Liter-Hubraum und 160 PS Leistung von Daimler-Benz übernimmt ein Lastschaltgetriebe von ZF. Mit der Bezeichnung „T 7200 LS" stehen vier Lastschaltstufen zur Verfügung, die per Fingertipp im neu gestalteten Schalthebel einzulegen sind. In der Serienausstattung stehen 24 Vor- und Rückwärtsgänge zur Verfügung. Zusätzlich soll als Sonderausstattung eine Kriechganggruppe mit 20 Vor- und Rückwärtsgängen geordert werden. Beim Tritt der Kupplung fährt der LTS-trac nach dem Loslassen im gleichen Gang rückwärts.

1996: LTS trac 160

1996: Modifizierter Innenraum

Auffällig ist das neu entwickelte Kompaktheck am hinteren Ende des Rahmens mit neuer Hinterachse, Zapfwelle und Kraftheber. Den aktuellen Anforderungen sollen die Hubkräfte von 9 250 daN gerecht werden. Die „Load-Sensing-Hydraulik" mit Verstellpumpe soll eine hohe Literleistung verbunden mit einer hohen Ölentnahmemenge bei separatem Ölhaushalt gewährleisten. Integriert im neuen Heck ist der dritte Anbauraum. Alle bisher für den MB-trac lieferbaren Aufbaugeräte sollen ohne Änderungen montiert werden können.

Die Vorderachse wird nicht mehr durch das bekannte Schubrohr geführt. Eine Kombination aus drei Längslenkern mit Panhardstab plus Schraubenfedern und Stoßdämpfern bildet das neue Konzept. Die Hinterachse bleibt vorerst ungefedert. Erst zu Beginn der Serienfertigung sollen völlig neue Achsen zur Verfügung stehen, auf denen dann auch 38-Zoll-Felgen montiert werden können.

Gemeinsam mit den Unimog-Generalvertretungen (UGV) und der LTS hat man – wieder mal – eine „Trac-Technik-Vertriebsgesellschaft" (TTVG) gegründet. Anteilseigner sind zu 52 Prozent die UGV und zu 48 Prozent die LTS. Der erste Schritt zur Sicherstellung der Fertigung ist die Be-

1997: LT trac – Montage nur auf Bestellung

2000: Doppstadt trac 180 mit Allradlenkung

1999: Doppstadt trac 160

2000: Doppstadt trac 150 – neues Design mit freier Sicht

stellung der TTVG von 500 Schleppern mit der Bezeichnung „LT-trac". Den Serienstart verkündet der TTVG-Geschäftsführer Engelbrecht für den Januar 1997. Wenn auch, nach seinen Aussagen, „der Markt sehnsüchtig auf das Produkt wartet", soll bis zum Produktionsbeginn „im Detail entwickelt und gefeilt werden, damit keine Mängel auftreten."

Schlechte Aussichten für die LTS zum Jahresende 1996. Die Lintra-Gruppe steht vor dem Aus. Das Bundesamt für vereinigungsbedingte Sonderaufgaben (BvS) erklärt im Dezember 1996 die Privatisierung des Unternehmens für gescheitert.

Der Produktionsbeginn des LT-trac wird bis auf weiteres verschoben. Eine Vereinbarung in dem TTVG-Vertrag sieht vor, dass alle Aktivitäten der Vertriebsgesellschaft ruhen, bis die Privatisierung von LTS erfolgt ist. Eine Fertigung eines LT-trac erfolgt in dieser Zeit nur bei einer verbindlichen Bestellung.

Das BvS ist auf der Suche nach Interessenten für das Werk in Schönebeck. Für einen Bewerber scheint die LT-trac-Produktion 1997 besonders interessant zu sein: Markus Liebherr. Im Gegensatz zu seinen beiden Brüdern, die den gleichnamigen Baumaschinenkonzern leiten, hat er Landwirtschaft und Landtechnik studiert. In Eberhardzell nahe Biberach hat er den „Li-trac" entwickelt, einen Großtraktor mit 300 PS Leistung.

Gemeinsam mit seinem Großschlepper „Li-trac" plant er in Schönebeck eine ganze Trac-Linie aufzubauen. Um 200 Mitarbeiter beschäftigen zu können, plant er die Fortführung der Häcksler-Produktion. Das Konzept des Markus Liebherr ist den Mitarbeitern sympathisch, aber die Verhandlungen scheitern zu Jahresbeginn 1998 an der BvS: Zweifel am wirtschaftlichen Konzept und ein fehlendes Vertriebsnetz ist die Begründung. Der westfälische Erntemaschinenhersteller Claas in-

teressiert sich im Frühjahr 1998 für die LTS. In Schönebeck, so die Pläne, soll eine neue Fabrik entstehen. Hier sollen in Zukunft die Häcksler der eigenen „Jaguar"-Reihe und das Systemfahrzeug „Xerion" produziert werden. Mit 90 Mitarbeitern möchte man starten, um später die Zahl auf bis zu 300 Mitarbeiter ansteigen zu lassen. Vorverträge sind bereits mit der BvS geschlossen, als ein neuer Investor sein Konzept vorstellt.

Die Doppstadt-Gruppe aus Velbert beabsichtigt, im Gegensatz zu Claas, in den bestehenden Gebäuden von LTS zu produzieren. Außerdem sollen sofort 220 Mitarbeiter beschäftigt werden. Für die nähere Zukunft plant man, weitere 80 neue Stellen zu schaffen.

Das Doppstadt-Konzept kann Glaubwürdigkeit vermitteln. Bereits zu Beginn der neunziger Jahre ist ein Unternehmen in der Nähe von Schönebeck übernommen worden. Mit 160 Mitarbeitern hat man in

Calbe begonnen und in der Zwischenzeit die Belegschaft bereits verdoppelt. Obwohl auf höherer Ebene die Lösung mit Claas favorisiert wird, entscheiden sich die Mitarbeiter für die Doppstadt-Gruppe, die den Zuschlag bekommt.

Ein wesentlicher Bestandteil des Konzeptes ist die Aufnahme der Trac-Produktion. Während der Übernahmephase werden „Systra" als auch der „LT-trac 160" auf Anfrage gefertigt. Die Farbgebung ist jetzt orange/schwarz. Der Schriftzug „LT" wird durch „Doppstadt" ersetzt.

Erfahrungen im Fahrzeugbau hat der Hersteller von Kommunalgeräten nur mit dem Bau eines Häckslers, der zur Arbeitsmaschine umfunktioniert werden kann. Mit der Bezeichnung „Grizzly" wird er in Velbert gefertigt.

Als die Doppstad-Gruppe die LTS 1999 übernimmt, sind sechs Jahre seit der Vorstellung des Systra und drei Jahre seit der ersten Präsentation des LT-trac vergangen. Um den Anschluss an die Markterfordernisse zu gewährleisten, werden beide Modelle gründlich überarbeitet. Gleichzeitig plant man eine Erweiterung der Trac-Reihe in den oberen PS-Klassen.

Auf der Entsorga in Köln wird im Juni der Trac 160 mit der neuen Farbgebung in schwarz/orange präsentiert. Eine besondere Neuheit: Auf Wunsch können die Rahmen verlängert werden. Wahlweise kann ein um 800 mm oder 1 000 mm verlängerter Radstand gewählt werden. Auffällig ist die neue Kabine. Mehr Rundumsicht verspricht die um dreißig Prozent vergrößerte Glasfläche.

Auffällig ist der reversierbare Fahrerstand. Die komplette Konsole mit Lenkrad, Schaltung und zweitem Sitz lässt sich um 180 Grad drehen. In Verbindung mit den beiden gelenkten Achsen wird der Trac vielseitig verwendbar. Nicht nur für den Forsteinsatz dürften die vier Lenkungsarten interessant sein.

Unter der Haube arbeitet ein modifizierter abgasarmer Motor von Daimler-Benz. Der OM 366-A mit 6 Zylindern hat eine Leistung von 160 PS bei 2 400 U/min. Die Kraftübersetzung erfolgt mit einem ZF-Getriebe mit 40/40 Gängen, einer vierstufigen Lastschaltung und einer vorwählbaren Wendeschaltung. Die Höchstgeschwindigkeit liegt bei 40 km/h.

Für die Sicherheit sorgen nasse Scheibenbremsen in allen vier Rädern, die von der serienmäßigen Druckluftanlage unterstützt werden. Zwei Planetenachsen vorn und hinten ermöglichen erstmals die Verwendung der Bereifung von 38 Zoll. Die Differentialsperren in beiden Achsen sind elektrohydraulisch geschaltet.

Das Hubwerk im Heck hebt 7500 daN. Es verfügt über eine EHR-D(igital) mit Unterlenkerregelung und automatischer Schwingungstilgung. Das Fronthubwerk schafft 3 000 daN.

Als kleinster Schlepper der neuen Doppstadt-trac-Baureihe wird im Frühjahr 2001 der „trac 80" mit dem Zusatz „systra" vorgestellt. Verbesserungen des überarbeiteten „Systra": Funktionalität und Reduzierung des Geräuschpegels. Eine neue Kombi-Frontaufnahme soll einen einfachen und schnellen Wechsel der Anbaugeräte ermöglichen. Für den Heckaufbau ist ein Schnellwechselsystem entwickelt worden. Um die Verwendung größerer Aufbaugerätschaften zu ermöglichen, gibt es neben dem Standard-Radstand von 2 575 mm einen auf 3 270 mm verlängerbaren.

Als Triebwerk ist nur noch ein Deutz-Motor mit 72 PS im Angebot. Mit dem hydrostatischen Antrieb wird eine Spitzengeschwindigkeit von 40 km/h erreicht. Zusätzlich sind beide Achsen lenkbar und verhelfen dem Systemschlepper zu einer außergewöhnlichen Wendigkeit.

Für Überraschung sorgt die Vorstellung des „trac 180" zu Jahresbeginn 2001. Von außen ist ein völlig veränderter Schlepper mit neuem Design entstanden. Die modifizierte Kabine in der Mitte und die neu gestaltete Motorhaube mit geringfügig schräg abfallender Haube lässt den trac noch mächtiger wirken.

Unter dem Blech sorgt der abgas- und lärmarme OM 904 LA-Motor von Daimler-Chrysler für Überraschung. Der Vier-Zylinder-Diesel leistet 170 PS bei 2 300 U/min. Mit Hilfe des Power-Shuttle-Getriebes von

Doppstadt trac 200 und 150 im Einsatz

Doppstadt trac 200

ZF erreicht er eine maximale Geschwindigkeit von 50 km/h, und das sowohl vorwärts als auch rückwärts. Das 40-Gang-Getriebe kann den trac 180 in beide Richtungen gleich schnell bewegen.

Beide Planetenachsen können gelenkt werden. Mit dem serienmäßig reversierbaren Fahrersitz und einer Option zur Verlängerung des Rahmens eröffnen sich weitere Einsatzmöglichkeiten. Für ausreichend Sicherheit sorgt das hydropneumatische Bremssystem mit Nasslamellen.

Überraschung auf der Agritechnika im November 2001: die beiden neuen Doppstadt-tracs mit der Bezeichnung „trac 150" und „trac 200". Äußerlich sind die beiden neuen Schlepper dem trac 180 mit der Motorhaube in neuem Design gleich. Erstmals ist die Kabine bis 35 Grad kippbar und mit Klimaanlage ausgestattet.

Beide Tracs verfügen über das ZF-Power-Shuttle-Getriebe mit 40 Vor- und Rückwärtsgängen. Die elektropneumatische Schaltung wird mittels Joystick bedient und verhilft den Schleppern zu einer Endgeschwindigkeit von 50 km/h.

Gleich sind auch die beiden Planetenachsen in Front und Heck und der mit einer Lamellenkupplung lastschaltbare Vorderachsantrieb. Ebenfalls identisch ist das Klauensperrdifferential. Alle vier Räder können eine maximale Bereifung von 38 Zoll erhalten und sind in einer Zusatzausstattung mit Allradlenkung erhältlich.

Die ersten Abweichungen ergeben sich im Wendekreis: Der trac-150 benötigt mit Allradlenkung 4 200 mm, bei dem trac-200 sind es 5 500 mm. Gemeinsam haben die beiden Schlepper nur den Motorlieferanten: DaimlerChrysler. Der trac 150 ist mit dem Vier-Zylinder-Motor OM 904 LA mit Aufladung und Ladeluftkühlung ausgestattet. Mit einem Hubraum von 4,25 Litern erreicht er eine Leistung von 150 PS. Unter der Haube des trac 200 kommt der Sechs-Zylinder-Motor OM 906 LA zum Einsatz. Er entwickelt mit 6,37 Litern Hubraum 205 PS. Gemeinsam haben beide Motoren die neue Dreiventiltechnik mit zwei Auslass- und einem Einlassventil und einem vollelektronischen Motormanagement mit Einzeleinspritzpumpen.

Identisch bei beiden Tracs: die Load-Sensing-Hydraulik. Die Hubkraft in der Front beträgt 3 000 daN. Im Heck schafft es der trac 150 auf 5 700 daN und der trac 200 auf beachtliche 9 000 daN.

Dammann trac

DT 2100 – seit 1984

Das Unternehmen Herbert Dammann GmbH wird als Maschinenbaufirma im März 1979 in Buxtehude-Hedendorf gegründet. Doch schon seit 1968 beschäftigt sich der Firmengründer mit der Konstruktion von Pflanzenschutzgeräten.

Seine Entwicklung, die Arbeitsbreite des automatisch klappbaren Gestänges von 15 m, sorgt für Aufsehen. Nur kurze Zeit später kann die Breite auf 24 m gesteigert werden. Weitere innovative Entwicklungen folgen, für einige sind Patente angemeldet.

Wer mit Pflanzenschutzgeräten arbeitet, kommt am Unimog nicht vorbei. 1983 wird von Dammann das erste Unimog-Aufbaugerät mit 36 m Arbeitsbreite entwickelt. Weitere Entwicklungen speziell für den Unimog und MB-trac folgen.

2000: Dammann trac mit neuer Kabine

Dammann überrascht 1984 mit einem hochbeinigen „Sonderfahrzeug" für die Landwirtschaft. Der erste Selbstfahrer in Deutschland ist auf der Basis des Unimog entwickelt worden. Das Fahrgestell eines U 2100 wird von DaimlerChrysler geliefert.

Der Selbstfahrer ist als Frontlenker konzipiert: aus der schweren Baureihe wird eine MB-trac-Kabine vor dem Motor montiert. So bleibt reichlich Platz für den Aufbauraum. Zusätzlich wird der Dam-

1984: Dammann trac mit Rauch-Aufbauspritze

2000: Dammann trac – Kabine mit Schiebetür

mann-trac noch auf 48-Zoll-Reifen gestellt und erreicht die traumhafte Bodenfreiheit von 870 mm.

Ein Schnellwechselrahmen für die Aufbauten sorgt für kurze Rüstzeiten beim Wechsel der Aufbaugeräte wie Aufbauspritze und Düngerstreuer. Der schwingungsgedämpfte und dreipunktgelagerte Aufbaurahmen schont bei Verwindungen die Geräte.

Der Antrieb der Geräte erfolgt hydraulisch. Ein mechanischer Antrieb oder Nebenantrieb ist als Option lieferbar.

Neben allen Vorzügen eines Unimog kann der Selbstfahrer auch Anhänger ziehen. Anhängerbremsanlage und -kupplung sind lieferbar.

Ein Hubzylinder schwenkt den vorderen Aufstieg zur Kabine. Die neue Kabine ist großzügiger verglast und durch Schiebetüren wird der Einstieg erleichtert und sorgt für mehr Platz und Komfort. Luftgefederter Sitz, optimierte Bedien- und Steuerfunktionen und ein Beifahrersitz sorgen für entspanntes Arbeiten. Mit vier Front- und zwei Heckscheinwerfern ist ein Arbeiten auch in der Dunkelheit möglich.

Angetrieben wird der Dammann-trac DT 2100 von einem Sechs-Zylinder-OM 366 LA mit 214 PS Leistung. Die Unimog-Stationen vertreiben und betreuen den Selbstfahrer. Eine preiswerte Alternative ist auch im Angebot: auch einen gebrauchten U 2100 kann man bei Dammann zum Selbstfahrer umrüsten.

Mein Dank gilt:
Agentur-EXAKT, Raststatt
Boehringer, Werner, Göppingen
Brekina-Modellspielwaren GmbH, Teningen
CL-Grafik und Werbung, Hamburg
Dammann, Herbert, Buxthehude-Hedendorf
David, Stefanie, Gescher
Dickel, Karl, Attendorn
Doppstadt GmbH, Schönebeck
Driessen, Joachim, Giershagen
Eichle, Thomas, Oerlinghausen
Fenner, Roland, Schönebeck
Jung, Christian, Leverkusen
Junk, Hans, Trier
Kallemeier, Michael, Salzkotten
Kauffmann, Friedhelm, Hannover
Kaup, Johannes, Steinhausen
Klose, Hans-Ulrich, Hannover
Kommobil, Gaggenau
Kurze, Peter, Bremen
Lange & Brandenburg, Ing.-Büro, Brilon
Meyer, Thomas, Hannover
Planken, Norbert, Hoppecke
Reermann, Hans-Albert, Brilon
Reisinger, Wolfgang, Alteglofsheim
Ricken, Karl, Lippstadt
Schäfer, D., Gaggenau
Schlüter, Franz, Weine
Sommer, Peter, Altenbüren
Vogel, Franz, Dorsten
Werner GmbH, Trier
Witteler, Paul, Nehden
Witthaut, Franz, Rüthen
Wolfmaier, Jürgen, Lorch

Mein besonderer Dank gilt:
DaimlerChrysler AG, Stuttgart
– Herrn Uwe Heintzer, Konzernarchiv,
– Frau Karin Weidenbacher, Markteing
Daimler-ChryslerAG, Gaggenau
– Herrn Martin Adam, Leiter Kommunikation
– Herrn Hagedorn, Marketing, Frau Adam, Archiv
Unimog-Club Gaggenau e.V., Gaggenau
– Herrn Michael Wessel und Herrn Carl-Heinz Vogler
Unimog-Verteranen-Club e.V., Tecklenburg
– Herrn Winfried Scheidemann, Herrn Harald Niemöller

Abbildungen stellten zur Verfügung
Barth GmbH, Oerlinghausen
Beilhack GmbH, Raubling
Berengar Phal Media GmbH, Haan
Binz GmbH, Lorch
Boehringer, Werner, Göppingen
Bridgestone, Bad Homburg
Bucher-Schoerling GmbH, Hannover
Bundesamt für Wehrtechnik und Beschaffung, Koblenz
Bundesministerium der Verteidigung, Bonn
Continental AG, Hannover
DaimlerChrysler AG, Gaggenau
DaimlerChrysler AG, Stuttgart
Dammann, Herbert GmbH, Buxtehude-Hedendorf
Doppstadt GmbH, Schönebeck
Dunlop GmbH, Hanau
Dutzi GmbH, Ubstadt
Enste, Peter, Warstein
ExxonMobil, Hamburg
Gmeiner GmbH, Kümmersbruck
Grenzschutzpräsidium Mitte, Fuldatal
HUBO GmbH, Borchen-Alfen
Krämer, Ludwig, Hamm
Kurze, Peter, Bremen
Lemken GmbH, Alpen
Merex GmbH, Gaggenau
Metz GmbH, Karlsruhe
Michelin KgaA, Karlsruhe
Müller-Mittental GmbH, Baiersbronn
Palfinger AG, A-Bergenheim
Pommerin, Harald, Nettelkamp
Pöttinger, A-Grieskirchen
Pro-Cab Jung, Leverkusen
Rauch GmbH, Sinzheim
Reermann-Agrartechnik, Brilon
Rosenbauer AG, A-Leonding
Rotzler GmbH, Steinen
Ruthmann GmbH, Gescher
Sommer, Peter, Altenbüren
Schammelt, Werner, Bremen
Schmidt Holding GmbH, St. Blasien
Thaler GmbH, Weddelbrook
Sammlung Vogler, Carl-Heinz, Gaggenau
Warsteiner Brauerei, Warstein
Werner Forsttechnik, Trier
Westfalia GmbH, Wiedenbrück
Zagro GmbH, Grombach
Ziegler GmbH, Giengen
Archiv Rudi Heppe, Radlinghausen

Quellenverzeichnis:
100 Jahre Daimler-Benz -Das Unternehmen/Die Technik,
150 Jahre Metz-Feuerwehrgeräte, Konkordia
40 Jahre Unimog, Verlag Fiedler
Das Buch vom Unimog, Franckh-Kosmos
Das Unimog-Prospekte-Buch, Podszun
Der Unimog in der Feuerwehr, Kortlepl
Handbuch der Feuerwehrfahrzeugtechnik, Kohlhammer
Kraftfahrtechnisches Taschenbuch, Bosch
Kraftfahrzeuge der Feuerwehr und des Sanitätsdienstes
Kraftfahrzeuge und Panzer der Bundeswehr, Motorbuchverlag
MB-trac, Technik, Typen Tradition, TTVG-Gaggenau
Mercedes-Benz 1886-1986, Schröder & Weise
Miterlebte Landtechnik, DLG-Verlag
Traktoren-Jahrbuch - Ausgaben 1996 bis 2002, Podszun
Vom Orient-Express zum MB-trac, Michael Wessel

Diverse Jahrgänge der Zeitschriften:
Agrartechnik, Automobil & Motorrad Chronik, Der Spiegel, DLZ-Die Landtechnische Zeitschrift, Feld und Wald, Focus Historischer Kraftverkehr, Landtechnik, Profi-magazin für Agrartechnik, Schlepper-Post, Stern, Unimog Heft'l, Unimog-Veteranen-Journal

Prospekte, Unimog-Ratgeber, Unimog&MB-trac Journal, Pressemitteilungen, Werkstatthandbücher, Drucksachen

Weitere Literatur für Schlepper-Liebhaber

Fordern Sie kostenlos und völlig unverbindlich unseren neuesten Prospekt an mit Büchern über:

- Traktoren
- Baumaschinen
- Lastwagen
- Omnibusse
- Feuerwehren
- Autos
- Motorräder

Podszun-Verlag GmbH
Postfach 1525
D-59918 Brilon
Telefon 02961 / 53213
Fax 02961 / 2508

165 Seiten, fester Einband
ISBN 3-86133-115-2
24,90 EUR

144 Seiten, fester Einband
ISBN 3-86133-246-9
19,90 EUR

144 Seiten, fester Einband
ISBN 3-86133-278-7
19,90 EUR

144 Seiten, fester Einband
ISBN 3-86133-228-0
19,90 EUR

144 Seiten, fester Einband
ISBN 3-86133-189-6
19,90 EUR

174 Seiten, fester Einband
ISBN 3-86133-272-8
24,90 EUR

erscheint jährlich im Oktober neu

144 Seiten, Leinenbroschur
ISBN 3-86133-265-5
14,90 EUR

144 Seiten, fester Einband
ISBN 3-86133-261-2
19,90 EUR

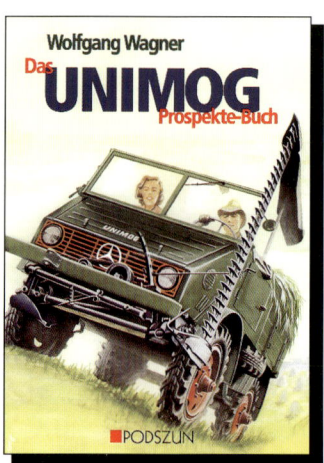

144 Seiten, fester Einband
ISBN 3-86133-239-6
19,90 EUR